科学项目式学习

建构学生高度参与的课堂

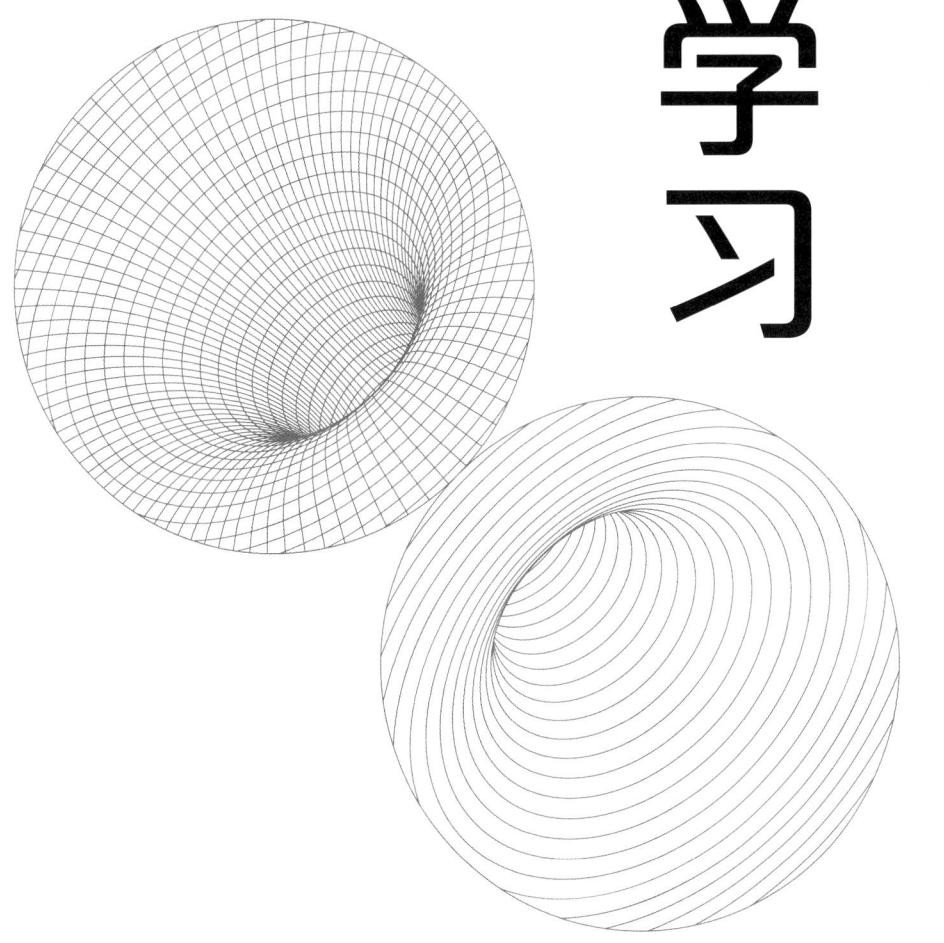

著
- [美] 芭芭拉·施奈德
  Barbara Schneider
- [美] 约瑟夫·科瑞柴科
  Joseph Krajcik
- [芬] 亚里·拉沃宁
  Jari Lavonen
- [芬] 卡塔里娜·萨尔梅拉–阿罗
  Katariina Salmela-Aro

译
- 王磊 赵亚楠 等

教育科学出版社
·北京·

序

  仰望漆黑的夜空时，人们不禁想问：星星是如何发光的？宇宙有多大？虽然很多人都对这些问题充满困惑，但往往缺少基本的工具来探索我们想知道的东西，也不知道如何找到这些关于宇宙的深刻问题的答案。

  《科学项目式学习》提供了教师如何在高中课堂上鼓励学生保持好奇心和探索欲的路线图。它描述了两个文化迥异的国家——芬兰和美国——是如何为了实现"高中科学教学的人性化"这一共同目标而携手合作的。

  项目式学习（project-based learning, PBL）是这个路线图背后的基本概念。与其他具有突破性的科学研究一样，项目式学习单元也从一个重要的问题开始。而与标准的授课形式不同，项目式学习强调具有包容性的讨论和实践发现环节的重要性，强调通过同伴间的良好互动来提高学生和教师的兴趣。《科学项目式学习》比较了美国和芬兰教育体系的异同与各自的优势与局限，二者的一大差异在于，尽管芬兰人和美国人都对教师职业做出了承诺，但是芬兰对教师的尊重与美国对教师的不尊重形成了鲜明的对比。

  项目式学习为教师和学生提供了一个更丰富、更具创造性的课堂环境。广泛使用这种方法可以促使人们再次认识到：专业和尊重对任何教育环境中的成功都是非常重要的。

  关于多元化课堂的丰富性和挑战性，许多美国教师擅长带领拥有不同生活经历的学生一起学习，但对芬兰来说，这是一个新的挑战，因为芬兰最近经历了移民潮。

  在我的一生中，产生过许多关于修订科学课程和帮助学生对这些科目产生兴趣，同时也有助于学生在以后的职业生涯中继续从事与这些学科相关的工作的新想法。这些想法大多是善意的，但最终失败了，其中一大重要原因是缺乏评估其影响的有效方法。《科学项目式学习》描述了一项对学生和教师进行的基于手机的调查，这项调查提供了近乎实时的学习体验评估，包括师生双方最重要的情感反应。

《科学项目式学习》号召大家加入一个我们都向往的重要实验中来。它鼓励大家把那些纠结的问题说出来；它鼓励大家与孩子、朋友和同事分享日常生活问题；它鼓励大家不断提问，直到找到解答问题的途径。在这个世界上，计算能力和对基本科学概念的理解越来越重要，项目式学习为提升这些能力提供了一个更丰富的方式，让拥有好奇心的人们形成一个全球范围内的共同体。

玛格丽特·J. 盖勒（Margaret J. Geller）
哈佛-史密松森天体物理中心
马萨诸塞州剑桥市

前　言

为什么那么多学生觉得高中科学课无趣？为什么他们在学习元素周期表或牛顿第二定律时，很容易就失去兴趣？学生对科学的兴趣和科学课堂参与度的下降是一个世界性的问题，即使是芬兰这样学生在国际评估中表现良好的国家，也避免不了这一问题。学生不喜欢科学是真正让人担忧的问题，这对于未来科学劳动力的准备和发展，或者全球社会应对环境变化、新的人类疾病，以及人工智能和机器人技术等所带来的挑战来说，都不是一个好兆头。为什么科学，尤其是高中科学，被许多人视为是枯燥的、"不得不学"的科目？是否是因为某些科学课的教学方式导致了学生在想到科学课时就闷闷不乐？学生喜欢"星球大战"和许多其他与科学有关的幻想，但在科学课上，他们却宁愿花时间做白日梦，也不愿学习那些可能帮助他们实现这些幻想的知识。

美国科学界和政府已经意识到这一问题，并呼吁对整个美国教育体系的科学学习和教学进行重大改革。《K–12科学教育框架》(*A Framework for K–12 Science Education*，以下简称"K–12框架"）和《新一代科学教育标准》(*Next Generation Science Standards*, NGSS）这两份具有影响力的文件描述了改革的做法，并概述了对于学生科学素养培养的新愿景，这种科学素养能够鼓励学生利用三维学习来理解现象并找到解决问题的方法，三维学习是指应用学科核心概念、科学与工程实践以及跨学科概念来学习。这些文件的目标是促进学生对科学概念和科学实践的深度理解，使学生从死记硬背科学事实的教育中走出来。这种对科学教学改革的呼吁在包括芬兰在内的全球范围内都得到了响应。芬兰学生虽然在科学方面取得了很高的成就，但对科学的参与度和兴趣低于许多工业化国家。为解决这一问题，芬兰颁布了核心课程指南（Core Curriculum guidelines），其内容与美国的 NGSS 相似。

尽管 NGSS 和芬兰的核心课程指南确定了学生应该知道什么和能够做什么，但它们并没有规定具体的课程或教学理念——它们默认需要开发课程以使学生能够思考和运用科学家和工程师的实践（即能够解释现象和设计解决方案）。NGSS 没有提出具体的课程内容，这为教育者打开了一扇门，让他们重新审视、评判和创造出既能吸引学生参与又能满足新标准的科学课程体验。项目式学习（PBL）是一种与 NGSS 和芬兰核心课程指南相一致的教学方法，也是这两个国家应对所面临的挑战的方法，这种方法鼓励学生发挥他们的想象力，通过使用科学概念和实践解决问题，进而弄清楚现象。

在美国和芬兰，科学 PBL 都致力于教授学生科学研究的基本原理。尽管这两个国家的研究使用了相同的设计、工具和分析计划，但它们的研究结果中展示的某些观点和解释略有不同——部分原因在于文化和语言不同。芬兰的 PBL 模式强调学生在构建认知部分（如建立科学关系和模型；小组讨论和想法的综合；参与和专业科学家工作相似的科学实践；通过合作或者分享观点、辩论来发展理解；使用认知工具，如图表，帮助学生找到数据的规律）的积极作用。这两个国家都强调要提高学生在真实科学实践中的参与度，并让所有学生（包括女生和男生）都对科学家的工作有更真实的认识。

2015 年，美国国家科学基金会（National Science Foundation, NSF）和芬兰科学院（Academy of Finland）共同资助了一项国际研究，这项研究旨在提高学生高中物理和化学课程的学业成就及课堂参与度。这项名为"在科学学习环境中促进学生参与"（Crafting Engagement in Science Environments, CESE）的研究，是由美国密歇根州立大学和芬兰赫尔辛基大学的心理学家、社会学家、学习科学家、科学教育家和教师合作组成的团队进行的一项实证研究，以测试 PBL 对学生科学学习的影响，以及学生在课堂上的学业成就、社会性和情感性体验。美国团队在密歇根高中完成了 3 个物理和 3 个化学项目式学习单元的现场测试（包括单元评估和教学材料）。参与项目的教师在教学实施和改进方面得到了持续的专业性支持和技术支持。此外，十几位芬兰中学教师也参加了美国团队的专业学习活动,他们改进了PBL材料后在自己的课堂上使用,并测试了其影响。通过这些努力,以及在其他几个国家的工作,我们正在建设一个专注于科学教学和科学学习的国际专业学习共同体。

为了评估学生的参与度以及社会性和情感性体验,我们的项目使用了经验取样法(experience sampling method, ESM)。学生在一天中会多次被提示在智能手机上完成关于他们在哪里、在做什么、和谁在一起的简短调查,以及一些与他们在接收提示时的感受有关的问题。参与项目的科学教师与学生需要回答自己的ESM调查问题,还需要完成关于他们的态度、背景、学业幸福感和职业目标的调查。课堂观察、视频数据和学生作品也会被收集起来,以评估项目实施的真实度,项目开始前后的测试则用来评估学生的科学学习情况。

为了测试PBL的有效性,我们使用了单案例设计(single-case design),该设计要求在特定时间之内对学生进行反复干预。我们已获得的数据是在正常教学期间以及在PBL干预教学期间从学生那里收集的。几周后,我们将在相同的时长内复制这种模式的两种教学情况。虽然单案例设计适用于我们这个阶段的研究,但在下一阶段的工作中,我们将扩大规模,覆盖数千名学生,届时将在美国多个州和芬兰进行集群随机试验。

根据我们迄今为止所收集到的数据以及我们在科学会议上所展示的工作,我们可以肯定地说,我们的结果一致显示PBL对学生的社会性、情感性和认知性学习具有积极影响。此外,不仅学生体验到了PBL的积极影响,他们的老师也报告了PBL改变了他们的教学实践。有些人可能会说这是选择偏差的结果:倾向于创新的教师会被吸引到这种类型的研究中来。这可能是事实。尽管如此,这些教师所经历的转变过程以及PBL对学生的积极影响依然是我们在进行科学教育的重大改革时很让人振奋的发现,值得与大家分享。

该项目的一个特别关注点是将高质量的科学教学带到以来自低收入和少数族裔家庭的学生为主的学校。因此,今后的评估工作将考虑干预措施的平均效果及其对学生分组的不同影响。我们与24所学校的60多名教师合作,为美国和芬兰的1700多名学生提供服务,其中三分之一以上的学生来自低收入或少数族裔家庭。该项目已产生几篇重要的论文和报告，而有关PBL的内容目前正被经济合作与发展组织（Organization for Economic Co-operation and Development, OECD）作为"开发提高创造力和批判性思维的教学模式"新举措的一部分进行编排。课程材料将来也会在创意共享资源库（Creative Commons Open Source）上提供。我们的所有数据都在大学间政治和社会研究联合会（Inter-university Consortium for Political and Social Research, ICPSR）存档，并将用于进一步研究和复制。本项目的数据将在 doi.org/10.3886/E100380V1 上提供。

我们工作的另一个重要组成部分是在参与项目的教师中建立一个专业学习社区。建立这个社区始于专业学习会议，在这些会议中，教师与科学教育工作者一起工作，定期在会议上分享想法和经验，并获得反馈，以更好地了解 NGSS 和 PBL。在这些会议中，我们的芬兰团队也参与其中，因此参与项目的美国教师有机会与芬兰的科学教师和大学教授合作，并向他们学习。这种方式让参与的教师扩大了他们的专业网络，并获得了关于教学和课程改革是如何被环境塑造的宝贵见解。

作为国际交流的一部分，我们每年都会组织一个由职前教师、教师、科学管理人员和教师教育工作者组成的代表团前往芬兰交流。在交流的过程中，参与者了解芬兰的教育体系，参观芬兰的学校，并与教师教育工作者进行交流。在过去的3年里，我们有幸邀请到了以下人员参加交流活动：卡梅伦·科克伦（Cameron Cochran）、詹姆斯·埃默林（James Emmerling）、桑德拉·欧文（Sandra Erwin）、摩根·吉利厄姆（Morgan Gilliam）、金伯利·赫德（Kimberly Herd）、克莱尔·杰茨科夫斯基（Claire Jackowski）、乔纳森·克雷默（Jonathan Kremer）、林赛·蒙泰恩（Lindsey Montayne）、梅甘·奥多诺万（Megan O'Donovan）、威尔·帕多克（Will Paddock）、唐娜·波尔（Donna Pohl）、布兰登·鲁宾（Brandon Rubin）、凯瑟琳·施瓦茨（Kathryn Schwartz）和林赛·扬（Lindsay Young）。他们的观察加深了我们对芬兰教育体系特别是关于教师培训的了解，同时也促进了芬兰对美国教育体系的了解。芬兰教师、研究生和博士后也进行了类似的交流，他们到访美国，并在实施 PBL 的教室里进行了课堂观察。过去 3 年，芬兰的交流人员包括：约翰娜·尧希艾宁（Johanna Jauhiainen）、蒂莫·凯尔凯宁（Timo Kärkkäinen）、蒂亚·卡尔平（Tiia Karpin）、希尔卡·科利奥宁－托皮拉（Hilkka Koljonen-Toppila）、埃亚·库扬苏（Eija Kujansuu）、塔伊纳·马科宁（Taina Makkonen）、胡利亚·默勒（Julia Moeller）、阿利·米吕维塔（Ari Myllyviita）、安妮娜·罗斯蒂拉（Annina Rostila）、克里什陶·索尔穆宁（Krista Sormunen）、保丽娜·托伊沃宁（Pauliina Toivonen）、汉内斯·菲特（Hannes Vieth）、帕努·维塔宁（Panu Viitanen）。

这是一项横跨两个国家的庞大研究，我们要特别感谢一些人。我们感谢在项目开始时加入的研究人员，他们帮助完成了最初的概念框架和设计，现在他们有些已经专注于自己的研究事业，但我们没有忘记他们的贡献。我们感谢芬兰教育评估中心（Finnish Education Evaluation Centre, FINEEC）的尤卡·马里亚宁（Jukka Marjanen）、莱比锡大学助理教授胡利亚·默勒（Julia Moeller）和东芬兰大学助理教授贾安娜·维贾兰塔（Jaana Viljaranta）。我们感谢美国弗吉尼亚联邦大学助理教授迈克尔·布罗道（Michael Broda）、密歇根州立大学数据分析员尤斯廷·布鲁纳（Justin Bruner）、密歇根州立大学研究助理贾森·伯恩斯（Jason Burns）以及教育研究分析员和顾问贾斯蒂娜·斯派塞（Justina Spicer）。

在开发课程方法的过程中，我们得益于几位专家专业知识的支持。其中最重要的是作为主要开发者的教师，他们提供了宝贵的专业学习、在线培训方面的支持。我们感谢来自美国的物理教师史蒂夫·巴里（Steve Barry）、卡梅伦·科克伦（Cameron Cochran）、约翰·普劳（John Plough）和布兰登·鲁宾（Brandon Rubin），以及化学教师桑德拉·欧文（Sandra Erwin）、林赛·蒙泰恩（Lindsey Montayne）和威尔·帕多克（Will Paddock）。我们感谢来自芬兰的约翰娜·尧希艾宁（Johanna Jauhiainen）、迪·坎托拉（Tea Kantola）、蒂莫·凯尔凯宁（Timo Kärkkäinen）、蒂亚·卡尔平（Tiia Karpin）、卡特琳·柯姆（Katrin Kirm）、希尔卡·科利奥宁－托皮拉（Hilkka Koljonen-Toppila）、埃亚·库扬苏（Eija Kujansuu）、桑纳·莱赫塔莫（Sanna Lehtamo）、塔伊纳·马科宁（Taina Makkonen）。阿利·米吕维塔（Ari Myllyviita）、米科·拉希卡（Mikko Rahikka）、安妮娜·罗斯蒂拉（Annina Rostila）、安特罗·萨尔尼奥（Antero Saarnio）、克里什陶·索尔穆宁（Krista Sormunen）、保丽娜·托伊沃宁（Pauliina Toivonen）、西莫·托尔瓦宁（Simo Tolvanen）、维尔皮·瓦塔宁（Virpi Vatanen）、汉内斯·菲特（Hannes Vieth）、帕努·维塔宁（Panu Viitanen）和米卡·德·沃赫特（Miikka de Vocht）（与美国相比，芬兰的课程开发往往是一项更广泛的共享活动）。此外，为了确保PBL课程和教学体现出三维学习的特点，我们接受了密歇根州立大学科学教育主席拉潘-菲利普斯（Lappan-Phillips）和化学教授梅拉妮·库珀（Melanie Cooper）、以色列魏茨曼科学学院科学教学系副教授戴维·福尔图斯（David Fortus）、德国基尔大学莱布尼茨科学与数学教育研究所教授克努特·诺伊曼（Knut Neumann）、密歇根州立大学博士后研究员瑞安·斯托（Ryan Stowe）的评论和建议。他们的专业知识和改进建议帮助我们确保了我们的工作符合NGSS的原则——我们要特别感谢他们。此外，这项工作与密歇根州立大学的另一项研究"项目式学习中的多元素养（Multiple Literacies in Project-Based Learning）"的PBL单元的设计和实施同时进行，该研究由乔治·卢卡斯教育基金会（George Lucas Educational Foundation）资助。该项目的许多研究者、研究生、博士后研究员和顾问对我们的工作进行了讨论并提供了建议，感谢他们的贡献。

一个既要进行教学又要收集数据的项目，需要很多人共同努力才能顺利推进。我们要特别感谢参与本项目的本科生，在这个项目的前3年里，他们和我们一起完成智能手机编程，并在项目现场分发和回收手机以及其他所需材料。感谢加勒特·阿姆斯特茨（Garrett Amstutz）、雅各布·赫瓦尔特（Jacob Herwaldt）、彼得·休利特（Peter Hulett）、帕克·拉万威（Parker LaVanway）、伊丽莎白·保尔森（Elizabeth Paulson）、马修·波特鲍姆（Matthew Pottebaum）、汉娜·韦瑟福德（Hannah Weatherford）和雅各布·韦布（Jacob Webb）为本项目在密歇根州寒冷的道路上不知疲倦地奔波。还要感谢我们的研究生梅甘·奥多诺万

（Megan O'Donovan）和林赛·扬（Lindsay Young），以及我们的博士后研究员陈一千（I-Chien Chen），他们帮助开发了数据文件、代码手册，进行了技术报告和数据分析。

特别感谢我们的顾问团队，他们帮助我们规划了更大规模的研究，并对我们当前的数据收集和分析计划提出了全面细致的意见。顾问团队中的芬兰参与者和其他国际参与者包括赫尔辛基大学副教授里斯托·霍图莱宁（Risto Hotulainen），赫尔辛基大学教授兼副校长萨里·林德布洛姆（Sari Lindblom），赫尔辛基大学教授基尔斯蒂·隆卡（Kirsti Lonka），赫尔辛基大学教授基尔西·蒂里（Kirsi Tirri），赫尔辛基大学讲师、芬兰科学院项目经理里斯托·维尔科（Risto Vilkko），经济合作与发展组织（OECD）部门副主管兼高级分析师斯蒂芬·文森特－兰克林（Stephan Vincent-Lancrin）。美国的参与者包括华盛顿特区国际高中校长如·努（Nhu Do），西北大学董事会董事兼统计学教授拉里·V.赫奇斯（Larry V. Hedges），芝加哥伊利诺伊大学文科和理科杰出教授詹姆斯·佩莱格里诺（James Pellegrino）。谷歌的高级软件工程师罗伯特·埃文斯（Robert Evans）是我们的另一位顾问，他的开源软件设计使我们能够收集高质量和安全的数据。感谢鲍勃（Bob）让我们在社会和情感学习方面的许多工作成为可能。

与哈佛－史密松森天体物理中心的天体物理学家玛格丽特·J.盖勒（Margaret J. Geller）博士一起在宇宙中漫步是一次改变人生的经历。盖勒非常乐意阅读我们的书并撰写前言，尽管这本书是由她不认识的科学教育、社会学和社会心理学的研究人员完成的。我们由衷感谢她，并希望与她及更多的学生和老师分享我们对宇宙的其他探索，因为我们在天体物理学中创建了新的教学单元。

此外，密歇根州立大学约翰·A.汉纳（John A. Hannah）办公室和STEM教育、评估和教学环境合作部门（CREATE for STEM Institute）的许多人都在后勤、预算和大学法规方面提供了帮助。我们对朱丽安娜·布朗里格（Juliana Brownrigg），苏·卡彭特（Sue Carpenter），米歇尔·切斯特（Michelle Chester）、利吉塔·埃斯皮诺萨（Ligita Espinosa）、罗伯特·盖尔（Robert Geier）、玛格丽特·伊丁（Margaret Iding）、卡莉·波拉克（Carly Pollack）和希瑟·瑞德（Heather Rhead）的工作表示认可和感谢。

特别感谢 NCDG 咨询公司的妮科尔·加利基奥（Nicole Gallicchio），他协助完成了这本书各章的最终编辑，尤其是在我们需要确定出版截止日期的最后时刻。

我们的大学行政部门还协助我们对这项教育提案进行了同行评审，并将其推荐到美国国家科学基金会的一次大学评比中，这是首次获得国际研究与教育伙伴关系（Partnerships for International Research and Education, PIRE）评比资助的项目。感谢负责研究生学习的副主席道格拉斯·盖奇（Douglas Gage）、研究专家肖芭·拉马南德（Shobha Ramanand）和教学研究部主任玛乔丽·华莱士（Marjorie Wallace）。

还有一个非常特别的人，我们非常感谢这项研究的第一个项目主任——理查德·切斯特（Richard Chester），他对发起这项工作的帮助是不可估量的。

正如在学校进行的任何研究一样，促成这一切的人是学生、教师和校长，他们的姓名保密，不允许我们透露——但我们对他们深表感谢。

最后，感谢我们的资助者——美国国家科学基金会和芬兰科学院，他们的支持使这个项目成为现实。

团队成员

美国团队

克里斯托弗·克拉格（Christopher Klager）

汤姆·别利克（Tom Bielik）

德博拉·皮克–布朗（Deborah Peek-Brown）

伊斯雷尔·图伊图（Israel Touitou）

凯莉·芬尼（Kellie Finnie）

芬兰团队

卡勒·尤蒂（Kalle Juuti）

詹娜·因基宁（Janna Inkinen）

卡特娅·乌帕迪亚（Katja Upadyaya）

尤卡·马里亚宁（Jukka Marjanen）

扎妮卡·温尼–拉克索（Janica Vinni-Laakso）

"在科学学习环境中促进学生参与"（CESE）是由美国国家科学基金会资助的一项研究的名称，并在本书中进行了讨论。CESE 的标志出现在我们发送给研究人员、政策制定者和教师的报告、课程和评估中。

STEM 教育、评估和教学环境合作部门（CREATE for STEM Institute）是 CESE 在美国密歇根州立大学研究所的名称。CREATE 代表教育、评估和教学环境中的协作研究；STEM 代表科学、技术、工程和数学。在我们的研究过程中，他们提供了法律咨询、心理测量学专家、科学专家、科学教师教育者，并协助进行构建响应的自动分析（automated analysis of constructed response, AACR）。

目 录

为什么科学学习很重要..1

第一部分
改变高中科学学习体验

1. 创造能激发参与和灵感的科学学习活动...2
2. 美国课堂中的科学项目式学习——以物理课堂为例.............20
3. 芬兰课堂中的科学项目式学习——以物理课堂为例.............39

第二部分
测量学生在项目式学习中的参与度、社会和情感学习体验

4. 科学项目式学习如何影响学生的情绪和学业成就.................56
5. 教师对科学项目式学习环境的反思...72

第三部分
激发学生高度参与科学学习的途径

  6. 三维学习 92

  附录 A 在科学学习环境中促进学生参与的研究 106
  附录 B "力与运动"项目单元介绍 108
  附录 C ESM 调查问卷题目 111
  附录 D 单案例设计 116

参考文献 119
关于作者 139
译后记 140

为什么科学学习很重要

上课铃声即将响起之时，学生才三三两两地走进教室，进入纽曼（Newman）老师的科学课堂，甚至还有学生在铃声响起后悄悄进来。当学生还在热聊最新八卦时，纽曼老师出现了。教室里有一种隐隐的嗡嗡声，一些学生还趴在课桌上享受正式开始学习前最后几分钟的休息时间。

一两分钟后，纽曼老师确认所有人都出勤了，就按部就班地喊道："好的，大家把昨晚的作业拿出来。"除了极个别优秀学生拿出了一沓折叠整齐的作业本之外，大多数学生都是翻开背包拿出了皱巴巴的作业纸，还有一些学生或疯狂地努力填写他们前一天晚上忘记做的题目，或随意地瞥一眼相邻同学的作业以确认或抄袭答案。

纽曼老师把一沓文件放在书桌抽屉里，然后走到教室的前面。"好的，有人对作业里的题目有疑问吗？让我们一起讨论一下。"艾伯特（Albert）举起手，"第二题。"纽曼老师点了点头之后走向黑板。在接下来的几分钟里，纽曼老师有条不紊地解答了第二题，并且强调了解决这类问题的程序性知识，以便学生能够在下周的考试中重复使用这个解决方案。"好的，还有其他的问题吗？让我们看看第六题，这道题真的很难。"

纽曼老师再次转身开始板书，仔细解释解题步骤。一些学生仔细地跟着做笔记，把纽曼老师写在黑板上的所有内容都抄下来。还有一些学生则茫然地盯着，思维也许在题目上，也许没在。"看，这确实很难，但也没那么难解决，是吗？如果你用心的话，就会发现这题的解题方法与第一题类似。"听完之后有一些学生点点头，也有一些学生表情混乱，并带有轻微的恐慌。"如果没有其他问题，让我们开始今天新的学习。让我们来谈谈，发生化学反应时物质在分子水平上发生了什么。"当纽曼老师准备在黑板前开始演讲时，大多数学生似乎知道了下一步该怎么做，已经翻开笔记本准备好了要努力地记下纽曼老师说的所有话，无论多么晦涩难懂。

这个场景看起来熟悉吗？这是几十年来中学科学课堂上一次又一次重复出现的现象：同样的教学方法、同样的学习内容、同样的茫然凝视，或者在更极端的时候是一种恐惧感和脱离感。现在，我们将这一课堂与谢（Xie）老师的课堂进行对比。

当上课铃声响起时，谢老师的学生进入教室，和同学们一起闲聊昨晚发生的事情。和纽曼老师一样，谢老师也来到了课堂，但随后发生了一些不同的事情。她以一个问题开始了化学课："好的，开始上课。现在我遇到了点麻烦，需要你们的帮助。昨天我在这里放了一瓶化学试剂，今天早上我回来时，瓶子还在那里，但里面的试剂不见了。有人知道它去了哪里吗？"

"可能有人偷了它。"前面的一个学生说。"是的，总是有人拿走各种各样的东西，即使他们不知道那是什么。"后面的一个学生附和着。"也许是它洒了。"另一个人插话道。

"嗯，这些都是有趣的想法，但我也不能确定是哪种情况。让我们一起看看这些东西。"她一边说一边给学生们看这个瓶子。"这没什么特别的，瓶中的试剂看起来就像水。我无法想象有人会带走它。附近也没有水坑，它就是消失了。"

"也许它蒸发了？"一名学生说。"不，当我床边有一杯水时，它需要几天才能蒸发掉，一整瓶水不可能一夜之间消失。"另一名学生插话道。谢老师回答说："这是一个想法，让我们来用这种试剂现场试一下。"她往柜台上倒了一点这种试剂，形成了一个小水洼。（实验的间隙，谢老师请大家交作业）"我完全忘了家庭作业。你们能把它传到前面吗？"学生翻书包找出前一天晚上的作业，可以看到几个学生还在疯狂地填写答案。

当最后几份作业摆在前面时，罗杰（Roger）注意到了一些变化。"哇，水洼到哪里去了？它不见了！"课堂上顿时响起了许多笑声。

"嗯，我想我们找到了答案。"

谢老师假装松了一口气。"我很高兴它没有被偷。但是它去了哪里？我想要它回来！"更多的学生笑了。"好的，如果我们知道液体蒸发了，那么让我们试着找出它去了哪里。每两人一组，在白板上写下你们的想法。"学生们拿出白板，一些人立即开始写，而另一些人则先和他们的搭档一起计划写些什么。"另外，试着想想其他物质出现或消失但我们不知道它们来源或去向的情况。写下你关于这种现象的问题。"几分钟后，谢老师邀请学生根据白板上的记录分享他们的问题，这些问题将成为物质守恒单元的驱动性问题。[1]

像谢老师这样懂得科学学习的人还有很多。当前，美国、芬兰和其他几个国家的高中科学课堂上出现了一些新的现象。[2]在过去十年中，经济合作与发展组织（Organization for Economic Co-operation and Development, OECD）、欧盟（European Union）和许多欧洲私人基金会建议对科学学习和教学进行重大改革。[3]我们正在经历一场教学变革，教师、管理者、家长和决策者认识到，传统的科学教学方式不足以让学生掌握快速变化的内容、技术以及他们未来所需的生活技能。

这场迫切需要进行的科学改革需要结合美国之前的科学改进努力来理解，这些努力与欧洲的努力一样，都是"断断续续"的，改进之后往往无所作为。[4]近70年前，在人造卫星时代，美国发现自己在太空探索方面落后于俄罗斯。决策者、科学家和教育工作者迅速做出反应，对美国的课程内容和教学进行了一次重大的改革。科学的重要性不仅在学校受到认可，而且也受到了媒体的关注：例如，儿童电视节目《看巫师先生》（Watch Mr. Wizard）就是为了展示如何做实验、制造火箭和培养细菌而制作的，而《我的每周读物——儿童报》（My Weekly Reader—the Children's Newspaper）则设想了飞行汽车、空间站和受气候变化保护的圆顶大都市。[5]新的科学课程进入了学校，学生的学习成绩也有所提高。空间科学、计算机技术和工程成为有职业前途的领域。

这段对科学探索和科学学习的重视时间是相当短暂的。到了20世纪70年代，乃至到了21世纪的第一个十年，当科学相关知识呈爆炸式增长时，学校的科学教学却在某种程度上仍然抵制着这些变化，虽然也有一些亮点（例如，中学越来越重视科学），但是，在很大程度上，科学发现、创新和变革的世界并没有影响学校课程。这引发了一种担忧，即如果不进行重大教学变革，人类将无法充分利用技术成果，来应对人口增长、粮食短缺、宜居星球的需要带来的挑战。[6] 这些早期和持续关注的问题不仅限于美国，其他国家也认识到科学学习需要改变，如芬兰。尽管芬兰学生在科学能力的国际评估中得分很高，但芬兰仍越来越担心如何维持学生的表现，确保高质量的科学学习能够转化为科学创新，以及更多的学生愿意从事科学事业。[7]

在过去六年中，美国教育工作者、科学家和决策者成功扭转了美国科学教育的局面，与其他国家的改革努力相比，这一努力得到了相当大的认可。[8] 人们普遍认为，2012 年，当美国国家科学、工程和医学院的一个独立部门——美国国家研究理事会（National Research Council, NRC）宣布，根据他们几十年的研究成果编写了一份开创性的报告《K-12 科学教育框架》(*A Framework for K-12 Science Education*)时，美国已经开始向一套新的科学教育标准迈进。[9] 该报告提出了一项三维战略，定义了 K-12 科学和工程的基础知识和技能，该战略的三维具体是（1）科学与工程实践；（2）通过跨领域的通用应用，将科学与工程统一起来的交叉概念；（3）四个核心学科领域：物质科学，生命科学，地球和空间科学，科学的工程、技术和应用。[10] 在科学教育中采用这种方法的目的是激励学生理解现象并设计问题的解决方案。

《新一代科学教育标准》是由美国科学家、教育工作者和决策者创造的一套前所未有的标准，它保持了变革的动力，为科学教育创造了新的愿景。NGSS 摒弃了早期人们关于如何学科学的认识，这些认识主要侧重于获取科学事实和对科学原理的肤浅理解（例如，以记忆原理和方程式为核心的教学的普遍做法，由于实验室经验有限，学生参与"通过科学来学习科学"的机会很少）。[11] 这种对过时教学实践的批评，主要来自对科学教育没有利用正在发生的科学重大进步的深切忧虑，而这些科学进步的具体信息可以通过技术快速获取。因此，改革是必要的，第一个战略步骤是制定科学标准，引导并帮助科学教育者和决策者在科学教育方面做出重大改变。

以深入和有意义的科学学习为重点，NGSS 描述了表现期望，包括整合 K–12 框架中定义的三维学习目标。尽管 NGSS 确定了学生应该知道和能够做什么，但它没有规定具体的课程——假设需要制定课程，使学生能够像科学家和工程师一样思考和行为（即解释现象和设计解决方案）。由于 NGSS 没有提出课程具体内容，教育工作者因此可以获得重新审视、评价和创造科学经验的机会，在促进学生参与的同时，引导学生实现 NGSS 的要求。

与美国一样，芬兰也召集了教育工作者、科学家和决策者重新设计其科学课程。芬兰教育系统与其教育部门、市政府和学校合作运作，教师发挥着关键作用。[12] 芬兰为了推进技术、创业活动和环境的可持续，他们开始为小学和初中制定核心目标，以及为芬兰高中国家核心课程制定新的科学目标。[13] 芬兰国家核心课程强调学生需要积极获取和应用科学知识以及 21 世纪能力或通用能力（态度、知识和技能），强调在学校内外的学习中使用技术。

与 NGSS 相比，芬兰的课程与教学模式强调设计和使用科学与工程实践，以支持学生学习科学，为他们理解科学家的工作做好准备，并使他们对科学职业更感兴趣。这一强调得到了欧盟委员会（European Commision）的响应，这表明学校科学应该更好地代表真正的科学和工程实践，更有效地满足年轻人的需求和兴趣。[14] 两国标准和目标之间最大的相似之处可能是学习目标的一致性和对改革的呼声。但两国标准仍然存在一个重要的区别（稍后将更详细讨论）：在芬兰，关于哪些科学实践和课程内容应该在课堂上实施的决定是在专业教师的深入参与下做出的，这些教师在学科领域具有专业知识和经验，在实证科学研究方面具有丰富的经验。[15]

为什么我们应该关心科学学习

美国各州接受 NGSS 的另一个原因可能是 2015 年国际学生评估项目（Programme for International Student Assessment, PISA）和国际数学与科学教育成就趋势调查（Trends in International Mathematics and Science

Study, TIMSS）中关于科学素养调查结果的发布。自1995年以来，美国学生TIMSS的12年级科学成绩一直没有突破。[16]PISA也同样表明，美国中学生的科学学习基本停滞不前：自2009年以来，美国学生的科学成绩没有改善，仅略高于OECD平均水平。[17]鉴于科学知识对经济发展和21世纪生活技能获取的重要性，这一问题令美国人非常困扰。

芬兰学生的PISA成绩概况与美国截然不同，但它也面临着一个与美国类似的问题。在OECD国家中，芬兰学生的科学成绩在2003年、2006年和2009年排名第一。2012年和2015年，尽管其分数仍然接近榜首（远高于美国），但开始略有下降。然而，并不是这种轻微的下降引起了芬兰对国家科学项目的关注，而是最近的调查结果表明，预期在30岁时从事科学职业的学生比例，OECD国家中芬兰最低，女性对科学的兴趣尤其薄弱。这让芬兰人感到担忧，因为这可能会对芬兰科学劳动力的供给、对科学素养的培养以及对芬兰社会的整体健康和人民的福祉产生负面影响。

我们不能对PISA的这些结果掉以轻心。不断变化的科学和技术从各个方面影响着我们的生活，我们需要与计算机、社交媒体、自然环境等一切事物进行互动。然而，支持发展学生科学素养的资金流不够充足，甚至在某些领域正在减少。对科学家、工程师和熟练技术人员的需求超过了供给——这一问题因"管道泄漏"①现象而加剧。对许多学生来说，"管道泄漏"现象很早就开始了，并在整个求学生涯和进入劳动市场的过程中持续发生。但是，对科学的深入、实用的理解对于日常生活也是至关重要的，如能够帮助人们就环境、健康问题以及安全、负责任的商品生产和消费做出决策。

如果未来有更多学生认识到科学素养的价值和重要性，并考虑从事科学事业，那么他们将非常需要有助于他们理解和解释世界的经验与科学实践。这一过程的关键是激发学生的想象力，让他们用竞争性的解决方案来解决棘手、有意义的问题。美芬两国都同意，学生学习科学的过

---

① 译者注：管道泄漏，a leaky pipeline，社会学用语，这里是指在学校学习科学、工程等专业的学生人数较多，但是后期继续深造、从事相关职业的人不断减少。

程需要很大改进，并应侧重于发展有用的知识，以理解现象并找到解决复杂问题的办法。符合 NGSS 和芬兰核心课程并能应对两国所面临挑战的教学方法是项目式学习，PBL 鼓励学生通过发挥想象力、运用科学思想和实践来"发现"现象和解决问题。

我们能做什么

多年来，出现了多种类型的基于设计的科学课程干预。[18] 而今美国和芬兰的标准不约而同与 PBL 相一致，几十年前构思的科学课程干预正在经历某种复兴。[19] PBL 最早的提出者之一也是我们的团队领导者之一：来自密歇根州立大学的约瑟夫·科瑞柴科（Joseph Krajcik）教授，他曾在 NGSS 领导委员会任职，带领 K–12 框架中物质科学学科核心概念的设计团队，并一直用 PBL 的方式指导我们的工作。[20] 他与我们另一位团队负责人、赫尔辛基大学的亚里·拉沃宁（Jari Lavonen）教授组成专家团队，拉沃宁教授在过去三十年里一直致力于芬兰国家级课程的设计和实施。[21]

K–12 框架和 NGSS 中描述的三维学习策略，与 PBL 的理念非常一致，其中详述了使科学学习更有意义和更具真实性的方法。[22] PBL 单元的一个关键特征是驱动性问题。驱动性问题需要与现实世界相联系，激发学生的兴趣，同时让学生意识到其重要性。学生觉得这很有趣，也很重要。在该单元的课程中，学生共同努力找到解决问题的方法。驱动性问题允许学生提出其他问题，并增加他们对所处世界的好奇心。它为学生将在整个单元完成的任务提供了背景，并使这些任务在学生建立更复杂的知识和理解时具有连续性和内在一致性。

PBL 的另一个关键特征是课时学习目标，这与 NGSS 和芬兰核心课程中的学习表现期望密切相关。课时学习目标的制定需要具体明确而又一以贯之，制定的过程需要从本单元涉及的国家或州标准开始，然后将标准的核心概念拆解，将其分解为下属概念，接着对下属概念逐一进行解释和扩展。这样可以确保在将核心概念整合到课时学习目标之前对其有透彻的理解。[23]

与 NGSS 本身非常相似，这些课时学习目标将学科核心概念、科学与工程实践和跨学科概念相结合，且课时学习目标更具针对性，可作为制定本单元驱动性问题和任务的指南。接下来是评估过程，要求学生构建能够举例说明驱动性问题意图的项目成果（例如，模型或基于证据的解释）。鼓励教师对学生参与这些课堂活动的情况进行日常评估，确保学生相互协作，理解数据并形成证据。最后，PBL 开发了独立的评估工具，通过要求学生演示科学实践的过程（如构建具有证据解决方案的模型），展示学生表达驱动性问题的能力及其对答案的理解。

最新研究表明，PBL 可能是一个可行的策略方案，可以帮助教师重新认识和组织他们的科学教学，鼓励学生运用他们的想象力审视不同的观点。[24] 例如，在一个 PBL 物理单元中，学生探索的驱动性问题是"如何设计一辆在碰撞时让乘客更安全的汽车？"学生通过分析数据来回答问题，以支持牛顿第二运动定律描述的宏观物体受到的合外力与物体质量、加速度之间的数学关系的说法。在一个 PBL 化学单元中，学生建构并使用模型来解释，在宏观尺度上，能量可以解释为粒子（物体）运动及其相对位置的组合。[25] 如这些示例所示，PBL 单元要求学生应用科学"大概念"，对内容形成严谨的理解，进而弄懂现象。

我们从这一领域的研究中了解到，学生不会从科学课程或科学实践中学到东西，除非他们积极在现实世界中使用概念来构建自己的理解。本书的第二部分对这些想法进行了更深入的探讨，该部分描述了根据实际情况将这些想法转化为学习目标的过程。对学生来说，富有想象力地思考科学和应用他们所知道的知识，而不是记忆事实和教科书上提供的答案，可能是一项有些困难的挑战。毕竟，学生被要求解决的是他们以前可能可以直接得到答案的问题，或者使用众所周知的方法就可以提出解决方案的问题，而现在他们必须创造性地制订解决问题的策略。然而，这些标准强调学生应该通过 PBL 寻求"把问题弄清楚"的创新方法，无论这种方法多么具有挑战性或令人不安。这种主动建构知识的理念表明，当学生能够根据自己的经验为自己推导出意义，并在需要时将想法组合在一起以理解数据时，理解就会发生。但是，教师如何向学生提供这些不同的情境体验呢？更重要的是，我们如何知道学生通过参与，已经深入学习了新思想，参与了真实的科学实践，并能够融入不同的观点？

我们如何评估参与度

正如 K–12 框架和 NGSS 所规定的，社会和情感因素对科学学习至关重要。我们还有其他项目团队负责人在这些领域拥有专业知识。赫尔辛基大学的卡塔里娜·萨尔梅拉－阿罗（Katariina Salmela-Aro）教授是青少年和成年人心理健康领域的权威专家[26]。密歇根州立大学芭芭拉·施奈德（Barbara Schneider）教授是评估设计的关键人物，也是概念化和测量青少年发展的专家。[27]这两位学者创新使用技术评估社会和情感因素，并将科学学习与项目中学生的情感学习联系起来。

NGSS 最重要的建议之一是让学生更投入地参与到科学学习中，了解为什么科学对他们自己、对他们的未来以及社会很重要。但是参与意味着什么呢？什么是参与（engagement）？我们如何知道它何时发生？心理学家对参与有多种含义，并采用各种措施确定学生何时以影响其表现的方式积极参与。[28]

我们认为参与具有三个关键属性：兴趣、技能和挑战。兴趣是一种特定现象的倾向，比如想知道是什么导致某些材料在撞击时倒塌，或者为什么蜂巢似乎正在消失。技能是指在新学习情境中所需的先决知识，例如，了解牛顿运动定律的基本原理，并能够在创建新模型时应用它们。挑战是一种行动的过程，其结果并不能完全被预测，但却是可测试的，就像计划和进行一个实验来解释一个现象一样。

与其他将参与度概念化为一种普遍趋势的做法不同，我们将参与度的测量限制在特定时间内发生的、强度不同的精确时刻。例如，这就允许我们比较学生在倾听老师提出的想法与构建模型时的参与度的差异水平。我们将高参与度的时刻概念化为最佳学习时刻（optimal learning moments, OLMs）：当一个人全神贯注于一项任务，以至于时间仿佛飞逝而过的时刻。这种方法类似于米哈伊·契克森米哈赖（Mihalyi

Csikszentmihalyi）对"心流"状态的描述：完全沉浸在活动中的状态。[29]然而，出于我们的研究目的，我们将此定义限制在学习情境中提升学生社交、情感和认知学习的时刻。

我们认为，精心设计的教学情境可以提高学生的参与度，当这种情况发生时，学生的学习会深化。[30]然而，学生参与的频率以及什么类型的教学可以提高参与度是一个实证问题。PBL 与 NGSS 和芬兰核心课程的一致性使我们能够在这两个国家开展评估，评估 PBL 是否比传统的科学教学方法对学生的参与度和学习深度有更积极的影响。

从 2015—2016 学年开始，我们一直在美国和芬兰的化学和物理课堂上，使用多种方法测试并获取学生在进行 PBL 时的社会、情感和认知学习的测量值，并将其与学生参与更传统的科学课程时的测量值进行比较。我们还在开发与认知相关的总结性评估的新设计。为了最大限度地扩大美国学生群体的多样性，我们使用密歇根州教育部门的数据来确定我们的研究学校。在美国抽样调查的学校人口中，至少有 30% 是少数族裔和低收入群体。虽然芬兰的人口更为同质，但我们样本对芬兰学校移民学生略有侧重，反映出家庭社会和经济资源的范围更广。我们使用多种测量工具来检验我们的干预措施，如经验抽样法（ESM）——一种通过智能手机管理的时间日志随机调查抽样技术。ESM 提供了一种机制，用于了解学生当前实际在做什么以及他们对此的感受。第 4 章阐述了 ESM 的发展。

除了提供给学生和教师的 ESM 外，我们还从学生和教师调查中取得了基本的人口统计学信息、他们的职业愿景及他们对 STEM 是否感兴趣等信息。还有一些特定问题，如要求学生描述他们的老师：你的老师乐于助人吗？尊重学生吗？让全班学生都感到忙碌吗？能清楚地解释有难度的话题吗？能够帮助学生改正错误吗？他们在工作中是否感到筋疲力尽或压力重重？教师也接受了采访，他们分享了课程日志和计划及其他课堂材料，包括学生在日常课程和 PBL 课程中完成的作品。

除了评估工具外，我们的团队一直在开发 PBL 实施前和实施后的评估任务，作为 PBL 课程的一部分。这些评估任务要求学生利用三维学习来理解现象或解决问题。评估任务与 NGSS 中的表现期望相关，但与PBL课程设置的情境不同。这些评估题目已被科学教育家和科学研究者，以及化学家和物理学家审阅过、评判过。我们还建立了由教师和学生组成的认知实验室，以确定评估前后的问题是否符合要求学生完成的任务。[31]

我们的国际团队共同致力于开发相同的工具和技术，并将许多英文文件翻译成芬兰语，确保两国的词语含义一致。干预团队是由美国和芬兰的教师及科学教育专业人员合作建立的。团队的发展持续了几年，团队共建活动主要有两整天专业发展培训、两国教师交流、虚拟协作会议，并且定期策划组织新的活动。在整个项目进行过程中，团队对PBL单元进行了始终一致的反馈和修改。实施的准确性是在选择性随机视频时间表的基础上保证的，在该时间表中，我们对编码后的教学进行了学生的ESM回答、教师的ESM回答、访谈数据的三维分析。

为了测试PBL的有效性，我们使用了一个单案例设计（single-case design）①，要求教师在指定的时间内重复应用干预。[32]数据是在正常教学期间以及PBL干预单元期间从学生那里收集的。在两种教学情况下，这种干预模式在数周后以相同的时间重复。需要说明的是，单案例设计仅适合我们研究的这一阶段，在我们研究的下一阶段，我们将扩展到多个州覆盖数千名学生，进行一项集群随机试验。

迄今为止的结果

有人可能会问，为什么我们要在进入更大规模有效性研究这一最后阶段之前公布这些研究结果。答案是：迄今为止，我们的研究结果非常有前景，以至于如果不采取改进的科学框架［由卡内基基金会（Carnegie Foundation）主席安东尼·布里克（Anthony Bryk）发起］似乎是不负责任的。[33]在一个涉及两个国家的如此复杂的项目中，我们收集、分析并公布的数据显示，PBL对学生的社会、情感和认知学习具有持续的积极影响。[34]学生不仅体验到PBL的积极影响，而且他们的老师也报

---

① 译者注：单案例设计详见附录D。

告说，PBL 具有变革性。这些教师的经历及这些经历对学生的积极影响都是值得分享的故事。

我们的书不仅为学术界人士而编，也为那些有兴趣将他们的科学学习与 PBL 相结合的专业人士而编。此外，我们的书也是为家长准备的，这样他们就可以了解哪些类型的科学相关问题和活动可能会引起青少年的兴趣。我们已经花费了大量资源来开发我们的开源单元，我们渴望分享这些单元：我们已经开始向 OECD 提供我们的科学教学材料，作为其新创意项目的一部分。[35] 我们还发现我们项目的参与机会经常供不应求，在我们的实证工作中，想要参与测试的教师多于实际参与测试的老师。作为回应，我们非常愿意将材料分发给需要这些材料，并愿意在今后的几年里参与这一项目的教师。

我们之所以将"learning science"作为本书标题的关键词，是因为 NGSS 和芬兰的目标都是基于关于如何创造人们有效学习的课堂环境的学习科学研究成果而制定的。认知科学对学习的神经过程的研究揭示了个体、文化和技术对大脑适应学习环境结构的重要性。我们致力于利用这些研究成果制订我们的干预措施，并阐明学生在科学和工程环境中应该完成的任务。通过采纳学习科学领域的相关建议，我们计划设计以学习者为中心的课堂体验，这些体验之间井然有序：强调理解，使用形成性评估给学生反馈，坚持合作和解决问题的规范，并帮助教师和学生形成和回答有意义的问题。[36] PBL 旨在通过结合三维学习来理解现象，并使用基于科学的策略来解决问题。本书是为教育者和家长提供推进科学学习所需的工具，不管未来的政策趋势如何，我们都希望向决策者展示：课程开发人员、教育者和其他实践专业人士可以共同努力，通过严谨而有意义的循证式工作来改变科学教育。

注释

1. 有关驱动性问题的参考将在本章后面进行解释。它是项目式学习的一个关键组成部分，我们在工作中正在测试这种干预。此外，需要强调的是，这是一项国际性研究：在描述芬兰经验的章节中，我们遵循芬兰的习惯来称呼老师。在芬兰，学生和他们的父母用他们的名字或昵称称呼老师，或者简单地称为"老师"。在芬兰语言中，没有性别差异专门指"他"或"她"。

2. 见，例如，欧盟委员会的《地平线2020：2016—2017年工作计划 科学与社会》(*Horizon 2020: Work Programme 2016—2017, Science with and for Society*)；欧盟委员会的《地平线2020：2016—2017年工作方案 欧盟委员会决定C（2017）2468》[*Horizon 2020: Work Programme 2016—2017, European Commission Decision C(2017)2468*]；见美国国家研究理事会的《K–12科学教育框架》(*A Framework for K-12 Science Education*)；见NGSS牵头州的《新一代科学教育标准》(*Next Generation Science Standards*)。

3. 加戈（Gago）等的《欧洲需要更多的科学家》(*Europe Needs More Scientists*)；经合组织全球科学论坛的《学生对科学和技术研究兴趣的演变》(*Evolution of Student Interest in Science and Technology Studies*)；罗卡尔（Rocard）等的《科学教育现状》(*Science Education Now*)；奥斯本（Osborne）和狄龙（Dillon）的《欧洲科学教育》(*Science Education in Europe*)。

4. 20世纪50年代，一直持续到1976年都通常被称为科学的黄金时代和人造卫星时代。1957年，美国联邦政府最初拨款8.87亿美元用于促进科学教育。在20世纪80年代，一系列报告鼓励科学和数学方面的研究、课程开发和教师培训，但联邦拨款"乱七八糟"：新项目刚开始得到了支持，几年后又被削减、修订或终止。从20世纪90年代到2011年，多个联邦实体增加了对科学、技术、工程和数学（STEM）研究和职业培训的资助。见阿特金（Atkin）与布莱克（Black）的《科学教育改革内幕》(*Inside Science Education Reform*)。有关更新版本，请参阅阿特金和布莱克的《科学课程改革史》(History of Science Curriculum Reform)。欧盟委员会的《地平线2020：2016—2017年工作计划 科学与社会》(*Horizon 2020: Work Programme 2016—2017, Science with and for Society*)；欧盟委员会的《地平线2020：2016—2017年工作方案 欧盟委员会决定 C（2017）2468》[*Horizon 2020: Work Programme 2016—2017, European Commission Decision C(2017)2468*]；见美国国家研究理事会的《K-12 科学教育框架》(*A Framework for K-12 Science Education*)；见 NGSS 牵头州的《新一代科学教育标准》(*Next Generation Science Standards*)；欧洲也朝着类似的方向发展，详见罗卡尔（Rocard）等的《科学教育现状》(*Science Education Now*)，2006 年。

5. 《看巫师先生》(*Watch Mr. Wizard*) 于 1951 年开始播出，播出后它的受欢迎程度迅速增长，估计每集有 80 万观众。我们之所以提到《看巫师先生》，是因为该节目推出的特色实验是所有学生在教室和家里都可以完成的。它在 1965 年被取消，并在 20 世纪 70 年代短暂恢复。巫师唐·赫伯特（Wizard-Don Herbert）先生继续为学校开发实验，并为尼克国际儿童频道（Nickelodeon）制作有线电视节目。该节目的重播于 2000 年结束。问题是，今天的巫师先生在哪里？我们可以回望《看巫师先生》。1960—1966 年，《我的每周读物——儿童报》(*My Weekly Reader—The Children's Newspaper*) 发表了一系列充满想象的空间发明，这些发明很快在几年内实现。这些早期的课堂报纸旨在激发想象力——这是我们已经失去并需要重新获得的科学教育的一个特点。

6. 美国国家科学、工程和医学院的《在日益加剧的风暴中崛起》(*Rising above the Gathering Storm*)。

7. 有关芬兰学生对科学相关职业兴趣下降的信息，请参见拉沃宁（Lavonen）和拉克索宁（Laaksonen）的《芬兰学校科学教与学的背景》(Context of Teaching and Learning School Science in Finland)。更多信息见 2006—2015 年 PISA 结果。PISA 框架强调对科学的态度，包括兴趣、快乐，以及科学的感知价值。2006—2015 年，芬兰表示喜欢获取科学新知识的学生比例有所下降。与此同时，美国学生在同一问题上的成绩略有提高，但美国学生的学业成绩没有明显提高。见 OECD 的 PISA 2006；《PISA 2015 结果》(*PISA 2015 Results*) 的第一卷《教育的卓越与公平》(*Excellence and Equity in Education*)。

8. 截至 2017 年 11 月，已有 19 个州采用了 NGSS。见，例如，国家科学教师协会 ngss.nsta.org。

9. 见美国国家研究理事会的《K–12 科学教育框架》(*A Framework for K–12 Science Education*)，2012 年。

10. 美国国家研究理事会将科学和工程实践定义为科学家和工程师用于设计和建造系统的主要实践；交叉概念指的是跨科学领域的联系，学科核心概念指的是关键科学内容知识［见美国国家研究理事会的《K–12 科学教育框架》(*A Framework for K–12 Science Education*)，2012 年，第 30—31 页］。有关三维学习的组成部分以及我们如何将其与 PBL 结合使用的更全面描述，请参见第 1 章。

11. 见 NGSS 牵头州的《新一代科学教育标准》(*Next Generation Science Standards*)，2013 年。

12. 见芬兰教育和文化部（FMEC）颁布的《未来的高中》(*Tulevaisuuden lukio*) 和芬兰国家教育委员会（FNBE）颁布的《国家基础教育核心课程》(*National Core Curriculum for Basic Education*)。

13. 芬兰的课程目前正在修订（超出了通常的顺序）。必须强调的是，芬兰不使用"标准"，而是描述"目标（aims）和目的（objectives）"（而不是学习成果）。教育部任命卡塔里娜·萨尔梅拉–阿罗（Katariina Salmela-Aro）和亚里·拉沃宁（Jari Lavonen）教授为某改革小组的成员，该小组将就一项有关中学的新法律向政府提供咨询，该法律将于 2019 年发布。

14. 见，例如，欧盟委员会的《地平线 2020：2016—2017 年工作计划 科学与社会》(*Horizon 2020: Work Programme 2016—2017, Science with and for Society*)；欧盟委员会的《地平线 2020：2016—2017 年工作方案 欧盟委员会决定 C（2017）2468》［*Horizon 2020: Work Programme 2016—2017, European Commission Decision C(2017)2468*］。

15. 见拉沃宁（Lavonen）的《通过芬兰硕士级教师教育计划培养专业教师》(Educating Professional Teachers through the Master's Level Teacher Education Program in Finland)；《教学实践是如何联系起来的》(How Teaching Practices Are Connected)；拉沃宁（Lavonen）的《高质量科学教育的基石》(Building Blocks for High-Quality Science Education)；拉沃宁（Lavonen）和尤蒂（Juuti）的《芬兰义务学校的科学》(Science

at Finnish Compulsory School)。芬兰的教师专业不仅指教师个人的能力，还包括他们的地位。专业性取决于学校、文化及更广泛的教育政策环境。学校层面的重要因素包括学校领导的性质、合作规范、网络的覆盖范围和密度以及利益相关者的伙伴关系。文化和教育政策因素包括州一级的背景，包括国家是否遵循问责制教育政策，或者是否信任教师的教学质量，而不进行频繁的系统检查和测试。见萨尔贝里（Sahlberg）的《芬兰课程》（Finnish Lessons）；达令－哈蒙德（Darling-Hammond）和利伯曼（Lieberman）的《世界各地的教师教育》（Teacher Education around the World）；科尔霍宁（Korhonen）和拉沃宁的《跨越学校与家庭的边界》（Crossing School-Family Boundaries）；见尼米（Niemi）、图姆（Toom）和卡利奥尼米（Kallioniemi）的《教育的奇迹》（The Miracle of Education）。

16. 见普罗瓦斯尼克（Provasnik）等的《亮点》（Highlights）。

17. 见 OECD 的《PISA 2006》（PISA 2006）；见 OECD 的《PISA 2012 结果焦点》（PISA 2012 Results in Focus）。

18. 见张（Cheung）等的《有效的中学科学课程》（Effective Secondary Science Programs）。

19. 见康德利夫（Condliffe）等的《项目式学习》（Project-Based Learning）。

20. 见科瑞柴科（Krajcik）和希恩（Shin）的《项目式学习》（Project-Based Learning）；科瑞柴科和塞尔尼克（Czerniak）的《科学教学》（Teaching Science）；科瑞柴科（Krajcik）等的《规划指导》（Planning Instruction）；科瑞柴科和梅里特（Merritt）的《让学生参与科学实践》（Engaging Students in Scientific Practice）。PBL 的另一个重要倡导者是巴克教育学院（Buck Institute for Education, BIE），在过去二十年中该学院在实施 PBL 方面发挥了重要作用。最近三本提倡 PBL 方法的书是：马卡姆（Markham）、拉尔默（Larmer）和拉比茨（Rabitz）的《项目式学习手册》（Project-Based Learning Handbook）；拉尔默（Larmer）、默根多列斯（Mergendoller）和博斯（Boss）的《为项目式学习设定标准》（Setting the Standard for Project Based Learning）；博斯和拉尔默的《项目式教学》（Project Based Teaching）。

21. 了解亚里·拉沃宁（Jari Lavonen），详见尤蒂（Juuti）、拉沃宁（Lavonen）和梅萨洛（Meisalo）的《基于语用设计的研究》（Pragmatic Design-Based Research）；拉沃宁（Lavonen）的《高质量科学教育的基石》（Building Blocks for High-Quality Science Education），2013年；拉沃宁（Lavonen）等的《一个专业发展项目》（A Professional Development Project）；拉沃宁（Lavonen）等的《科学教育的吸引力》（Attractiveness of Science Education）。

22. 见科瑞柴科（Krajcik）和希恩（Shin）的《项目式学习》（Project-Based Learning）。

23. 在NGSS中，核心概念（core ideas）被称为表现期望，因为它们定义了学生应该学习的现象，和为了弄懂现象，学生应该进行的科学实践及其与其他概念的相关性和联系。

24. 克拉格（Klager），施奈德（Schneider）和萨尔梅拉-阿罗（Salmela-Aro）的《增强科学中的想象和问题解决》（Enhancing Imagination and Problem-Solving in Science）。

25. 见贝尔（Bell）的《使用数字建模工具和课程材料》（Using Digital Modeling Tools and Curriculum Materials）。

26. 卡塔里娜·萨尔梅拉-阿罗（Katariina Salmela-Aro）在这个话题上被引用最多的作品，见萨尔梅拉-阿罗（Salmela-Aro）等，《互联网使用的黑暗面》（The Dark Side of Internet Use）；西蒙兹（Symonds）、朔恩（Schoon）和萨尔梅拉-阿罗（Salmela-Aro）的《发展轨迹》（Developmental Trajectories）；利特尔（Little）、萨尔梅拉-阿罗（Salmela-Aro）和菲利普斯（Phillips）的《个人项目追求》（*Personal Project Pursuit*）；以及萨尔梅拉-阿罗（Salmela-Aro）的《个人目标与福祉》（Personal Goals and WellBeing）。

27. 关于芭芭拉·施奈德（Barbara Schneider），见契克森米哈赖（Csikszentmihalyi）和施奈德（Schneider）的《成为成年人》（*Becoming Adult*）；施奈德（Schneider）和史蒂文森（Stevenson）的《雄心勃勃的一代》（*The Ambitious Generation*）；施奈德（Schneider）等的《被贴标签的影响》（*Impact of Being Labeled*）；施奈德（Schneider）等的

《过渡到成年》（Transitioning into Adulthood）。

28. 有关情境兴趣的描述，请参见施奈德（Schneider）等的《研究最佳学习时刻》（Investigating Optimal Learning Moments）。更多关于参与度的一般定义，见弗雷德里克斯（Fredricks）、布卢门菲尔德（Blumenfeld）和帕里斯（Paris）的《学校参与》（School Engagement）；弗雷德里克斯（Fredricks）和麦克尔斯基（McColskey）的《学生参与度的衡量》（The Measurement of Student Engagement）。研究参与度的另一种方法是关注教师、学生和课堂内容之间的关系；例如，参见科尔索（Corso）等的《学生、教师和内容在哪里相遇》（Where Student, Teacher, and Content Meet）。更多内容可以在丹尼尔·奎因（Daniel Quin）在《教育研究评论》（Review of Educational Research）最近一期发表的文章中找到，参见奎因（Quin）的《纵向和情境关联》（Longitudinal and Contextual Associations）。虽然这两部分内容明确了本研究确定的与参与度相同的部分维度，但本研究认为必不可少的参与度的相关因素，无论是情境，还是动机、社会和情感因素，都没有被提及。

29. 契克森米哈赖（Csikszentmihalyi）的《心流》（Flow）。

30. 当完全处于OLM时，学生会感到成功（以及其他积极情绪）；然而，当困惑或厌倦感逐渐袭来时，参与度就会降低。除了承担这些挑战所涉及的固有不确定性外，如果学生要成功并保持参与，必须做到坚持。关于本研究的模型的进一步讨论可以在第4章中找到，其中我们充分解释了我们的措施及其相互之间的关系。

31. 关于我们用于评估的过程，请参见施奈德（Schneider）等的《制定三维评估任务》（Developing Three-Dimensional Assessment Tasks）。未来，我们将进行总结性独立评估，以衡量项目式学习是否对学生的科学成绩产生积极影响。

32. 有关单案例设计的更多信息，请参见霍纳（Horner）和奥多姆（Odom）的《构建单案例研究设计》（Constructing Single-Case Research Designs）；肯尼迪（Kennedy）的《单案例设计》（Single-Case Designs）；克劳托奇维尔（Kratochwill）的《单学科研究》（Single Subject Research）；克劳托奇维尔（Kratochwill）和莱文（Levin）的《引言》（Introduction）。

33. 布里克（Bryk）的《致力于成就提升的科学》（Support a Science of Performance Improvement）。

34. 参与这项工作的学生人数，以及我们采用的分析类型，使我们能够对 PBL 对学生的社会、情感和认知学习的影响做出一些可靠的统计描述。尽管如此，我们的发现不能也不应该被视为适用于所有美国和芬兰高中生（化学和物理的学习）或他们的老师。

35. 文森特－兰克林（Vincent-Lancrin）的《教育中的教学、评估和学习创造性和批判性思维技能》（Teaching, Assessing, and Learning Creative and Critical Thinking Skills in Education）。

36. 布兰斯福德（Bransford）、布朗（Brown）和科金（Cocking）的《人是如何学习的》（How People Learn）；美国国家科学院、工程院和医学院（National Academies of Sciences, Engineering, and Medicine）的《人是如何学习的 II》（How People Learn II）。为了评估我们的老师和学生是否愿意学习 PBL，或者对学习新方法有固定的心态，我们使用了由詹妮弗·施密特（Jennifer Schmidt）[并由卡罗尔·德威克（Carol Dweck）采用]专门针对中学老师和学生提出的问题。参见施密特（Schmidt）、罗森堡（Rosenberg）和贝默（Beymer）的《情境中的人》（Person-in-Context Approach）。关于成长心态长期影响的经典研究，参见布莱克韦尔（Blackwell）、特泽希涅夫斯基（Trzesniewski）和德威克（Dweck）的《智力的内隐理论》（Implicit Theories of Intelligence）。关于成长心态概念的更易理解的入门，参见德威克（Dweck）的《终身成长》（Mindset）。

第一部分

改变高中科学学习体验

1. 创造能激发参与和灵感的科学学习活动

这是冬天的一个周六上午,天气很冷,外面还在下雪,但这恶劣的天气不会影响高中物理教师克里斯蒂(Kristie)参加培训会议,学习如何引导她的学生更加投入地参与科学学习。她来到学校的办公楼,打开会议室的大门,看到了在另一所学校教物理的汤姆(Tom)老师。"嗨,汤姆,你也来参加培训吗?"汤姆回答说:"是的,我不想错过这个学习机会,我一直对项目式学习很感兴趣,这似乎是一个能够更好地了解项目式学习的机会,还能够学习如何在课堂上实施项目式学习。"克里斯蒂回答说:"我也是,尤其是现在我们区域让所有的科学教师依据新的科学标准实施教学。从我在《科学教师》(The Science Teacher)中读到的内容来看,项目式学习可以帮助我们将新的科学标准与我们的课程和教学联系起来。"

这个培训会议先对《新一代科学教育标准》(Next Generation of Science Standards, NGSS)和项目式学习的原理进行了介绍和回顾,然后,教师们组成两人组或三人组,迅速积极地参与到物理项目式学习的设计中,利用计算机上的工具建构科学模型。克里斯蒂和汤姆坐在电脑前,试图建立模型解释"在汽车发生物理碰撞的情境中,改变汽车的速度和质量会发生什么"。克里斯蒂说:"这真的很实用,我们所有的学生都熟悉开车这种行为,然而开车并不总是安全的。这个主题与他们的实际生活息息相关。"汤姆点头,说:"我甚至不知道有这样的计算机建模程序的存在!我真的很高兴能和我的学生们一起做这件事——他们必须弄清楚,当改变汽车的速度时会发生什么。这是一件很困难的事情,但我打赌他们会非常喜欢。"[1]

克里斯蒂笑着说:"我很同意!让我们改变斜坡的角度,看看会发生什么。这有点像在艾伯特路(Abbott Road)弯道的陡坡路段。汤姆,你觉得怎么样?"

虽然这一类型的活动通常被称为"专业发展活动",但是我们采用了"专业学习社区"这个术语,因为它与项目式学习更相关,它强调师生之间的合作和对现象的共同理解。专业学习社区对于实施项目式学习至关重要，因为它帮助教师获得了"动手做"的经验，并训练了教师的知识和技能，也为学生参与科学学习提供了机会。

项目式学习在美国和欧洲都有一段有趣的历史。关于项目教学法最早的一些论述可以在威廉·赫德·克伯屈（William Heard Kilpatrick）的文章中找到，这些文章可以追溯到 1917 年之前的出版物和演讲[2]。作为约翰·杜威（John Dewey）学生的克伯屈，是第一个号召在课堂上开展有目的的项目活动的人，这种活动是按照传统的既定知识和技能实施的。然而，杜威对克伯屈的主张提出了批评，认为它过于关注"学生的自由选择"。虽然学生的选择非常重要，但杜威认为它不是无条件的。相反，杜威呼吁人们重视"思维"，即重视学生遇到问题、设计解决方案、努力解决问题并对结果进行检验与反思的过程。[3] 杜威设计的框架强调通过探究驱动的项目进行学习，这是在追溯项目式学习的根源时通常引用的框架。[4] 尽管克伯屈的主张非常受欢迎（有报道称当时他的作品在超过 5 万人中传播），但他关于学生的绝对自由和将项目式学习作为获得知识和态度的途径的观点未能获得持久的支持。有些人甚至认为，它是教育科学失信的肇因。[5]

获得欧洲教育工作者普遍支持的项目式学习的许多观点也可以追溯到杜威的观点，尽管欧洲教育工作者通常关注的是基于探究的学习或基于问题的学习。在大多数情况下，欧洲的研究人员都采用以下两种教学方法：演绎教学法，即教师向学生传授知识；归纳教学法，也被称为探究性科学教育（Inquiry Based Science Education, IBSE），学生可以有更多机会进行观察和实验，学生和教师可以更多地参与知识建构。从数学学科来说，基于问题的学习营造了一个由问题驱动学习的情境——学生不寻求唯一的正确答案，而是解释问题、收集信息、确定解决方案、评估问题的多种可能并给出结论。基于问题的学习和项目式学习并不是同义的，我们也没有暗示它们是同义的，但它们确实与更传统的演绎教学法明显不同。[6]

欧洲关于科学教育改革的新提议与项目式学习和 NGSS 的观点相似。[7] 欧洲的提议强调了让学生参与科学体验的重要性，这些体验包括深入的研究和"动手做"实验，二者都与探索科学知识的定义、应用和使用的任务具有一致性和相关性。[8] 近期，项目式学习的教学实践和专业学习社区经验在多个国家的认可度都很高，特别是在芬兰。[9]

什么是项目式学习，为什么它能够激发学生的参与感

项目式学习将杜威的思想与学习科学研究的结论相结合，在20世纪90年代基于设计的运动中获得了主要关注，该运动提倡体验式的教育方法。[10] 关于项目式学习的设计可以追溯到1991年的一篇文章，菲莉丝·布卢门菲尔德（Phyllis Blumenfeld）及其同事认为应该让学生参与到"长期以问题为中心的，以多学科和多研究领域整合的概念为主的有意义的教学单元"中，并认为技术可以激发学生学习的激情，引发学生的思考。[11] 事实上，布卢门菲尔德及其同事在二十多年前提出的许多关于项目式学习的理念，现在都出现在了《K-12科学教育框架》（A Framework for K-12 Science Education，以下简称"K-12框架"）和NGSS中。

尽管1990年到2000年进行了大量关于项目式学习的研究，正如约翰·托马斯（John Thomas）在2000年发表的评论中所指出的，这些研究似乎对项目式学习的实际要求并不统一。托马斯得出的结论是，尽管项目式学习前景大好，但是相关的研究结果还不足以证明它可以提升学生的成就（科学成绩）。有研究者认为结果不确定主要是因为项目式学习缺乏强有力的设计模型和有效可靠的措施。[12] 什么是项目式学习，什么又不是，人们对此没有达成共识。[13] 但是因为K-12框架和NGSS对借助体验式科学学习方法进行深度学习的重视，使得教师和政策制定者对项目式学习的定义和理解逐渐趋于一致。

美国公众越发担心这几十年来学生在科学学习中表现低迷、普遍缺乏科学素养和技术知识，在一些STEM行业中出现了劳动力短缺等现象，因此，美国国家研究理事会制定并颁布了一套新的国家科学学习标准，要求通过有意义的体验活动引导学生进行深度学习，公众和学术界对它十分支持。[14] NGSS的核心是倡导三维学习，即运用学科核心概念、跨学科概念和科学与工程实践指导学习者理解现象、解决问题。[15] 然而，这些标准并没有具体说明应该如何做到这一点（例如，NGSS使用了"通过实施特定的课程或实施特定的评价方法"这类表述）。我们干预的下一步是阐明基于设计的原则，将项目式学习课程单元与NGSS和芬兰核心课程联系起来，包括学习目标、活动和评价。

在芬兰，公众也一直关注学生的科学学习兴趣与职业选择，芬兰最近也在修

定科学课程，力图涵盖 K-12 框架中体现的原则，呼吁在科学学习中有更多的实验活动。[16] 芬兰新的框架强调学生参与科学学习的重要性——通过关注核心科学知识和实践，并通过积极参与项目式学习获得支持。[17] 两国对科学教学问题的认识和新标准的出现为合作奠定了基础，促进了两国在教学理念、课程实践和教学评价等方面的交流。

两国之间的合作起源于 2014 年由美国国家科学基金会（National Science Foundation）和芬兰科学院（Academy of Finland）资助的一次国际会议，会议的主题是提高学生科学学习的参与感。被邀请的芬兰和美国学者很快通过讨论达成了共识，两国代表都认识到提高学生的科学学习兴趣，特别是女性对科学的兴趣，以及在大学和劳动力市场中保障科学职业的地位等问题的重要性。并由科学教育领域、社会和情感发展领域以及教师教育领域研究经验丰富的研究人员共同组成了一个跨学科国际团队，团队的共同目标是开展一项通过提高学生参与感来促进科学的教与学的系统研究。

我们团队认识到重新设计能够反映新标准和可以在多阶段进行评估的课程单元、评价实践和教师专业学习的重要性。虽然两国的环境和教育体系存在很大差异，但我们的团队共同开展一项研究却是可行的，两个国家可以开展包括相同内容的研究，即项目式学习和相关评估计划。在几个月的时间里，两个国家的研究者首先在研究方法、学业成就的评估、社会和情感学习的测量方法、评价研究等方面达成了共识，接着确定了重点研究主题、参与研究的学生年龄、参与的教师需要拥有的专业学习经验以及本研究能够提供的专业学习经验。[18] 芬兰和美国的研究人员决定共同合作来设计课程单元，在设计中突出 NGSS 中描述的三维学习，并用它补充芬兰的核心课程。我们并没有期待各国的项目式学习实践都相同，相反，此设计需要适应以学校为基础的每个国家的文化背景。

经过长达一年有关项目式学习课程单元的设计与开发，约瑟夫·科瑞柴科（Joseph Krajcik）教授领衔的研究团队准备开始现场试验。研究小组分别在芬兰和美国联系教师参与此研究。芬兰教师经常与大学研究人员互动，他们对能够提高学生的科学兴趣的新的教学方式非常感兴趣。[19] 而美国教师致力于寻找符合他们所在地区正在实施的国家和州新标准的科学学习方式。

项目式学习的设计原则

与基于设计的研究原则（强调定义关于教与学的主张以及理论、活动和项目作品/项目成果之间关系的重要性）保持一致，我们对美国和芬兰的 PBL 进行了干预，通过课程设计使学生参与有意义的学习，为真实世界的问题提供解决方案的教学方式。[20] 研究团队提出项目式学习的设计原则主要聚焦于以下六点。[21]

1. 构建重要的学习目标。

在设计课程单元时，我们主要参考的是 NGSS 或芬兰核心课程的表现期望。确定表现期望是一个重要的步骤，因为要将驱动性问题与该学科的科学实践和核心概念联系起来。例如，让学生建立一个模型来解释为什么水蒸发的速度比酒精蒸发的速度慢，而不仅是围绕粒子运动的事实进行学习。通过这种方式，表现期望从简单的、缺乏上下文信息的内容标准，转变为明确的、支持科学实践的学习目标。这些课时级别的表现目标驱动着每个课时的任务，并共同构建了整个课程单元。

2. 提出有意义的驱动性问题。

为了寻求一个问题的解决方案或解释一个有趣的现象，教师需要提出问题以确定完成科学实践任务所需的信息。一个有意义的驱动性问题是项目式学习最基本的组成部分，因为驱动性问题是由具有锚定作用的现象或问题任务所构成的，这些现象或问题任务是学生在整个课程单元都要试图"弄清楚"或解决的。驱动性问题必须是有价值的、值得深入探索的、能够引导学生提出新问题的，并且能够贯穿整个课程单元。换句话说，驱动性问题应能将各主题与各类科学实践联系起来。

3. 为学习者提供科学实践的机会。

为了回答驱动性问题（和较小课时级别的问题），学生需进行科学实践，如制订计划和调查研究，分析和解释数据，建构科学解释和设计方案等。建构模型和基于证据进行解释被认为是最有价值的科学实践，可以让学生有机会解释和预测在项目式学习中遇到的现象。[22]

4. 创建可以解决驱动性问题的协作活动。

学生学习科学的能力可以通过协作得到提高，协作是通过热烈的讨论和思想交流来构建知识——正如科学家和工程师的实际工作要考虑各种观点和可能性来提出基于证据的解决方案。在项目式学习的课堂上，为了解决驱动性问题，学生通过协作来理解他们收集的数据和信息。这些行为包括收集和分析数据，建构模型，提出有证据支持的观点，建构解释，提出问题，获取、评估和交流信息等各类科学实践。

5. 整合学习工具，以独特的方式理解证据。

教师可以结合新技术促进学生的探究和学习，如物理学中模拟力之间相互作用的视频、化学中模拟粒子运动的视频、建构和测试模型的计算机软件等。这些工具可以增强学生对这些会在日益复杂的科学世界中遇到的技术的运用能力。

6. 创造可视化的项目作品或布置评价任务促进学生进行三维学习，捕捉学生的新认识。

项目作品和其他评价任务有多种形式，其目的是让学生沉浸在科学家和工程师工作的世界中。这些最终的项目作品使学生能够展示他们所掌握的知识和发展的技能，以及他们所学到的用来理解现象和解决问题的科学实践——不仅在科学课堂中，还在更广阔的大概念世界里。

为什么选择在化学和物理学科中实施项目式学习

我们设计了6个课程单元（3个化学单元和3个物理单元）开展研究，我们称为"在科学学习环境中促进学生参与（Crafting Engagement in Science Environments, CESE）"的研究，以提高学生的科学成就、参与感以及其他社会和情感学习体验。我们选择在化学和物理学科中实施项目式学习有很多原因。许多州已经开始了新的课程改革，要求学生参加化学、物理学科的更高水平的课程，目的是帮助学生提高科学和数学成就。[23] 因此，化学、物理学科通常是美国高等学校的"准入课程"，也就是说，学生在高中时必须至少选修其中一门学科,才能被一所优质大学录取。[24]

尽管芬兰的中学教育体系(稍后详细介绍)与美国的教育体系有明显的不同,但研究人员和政策制定者对化学和物理学科的教和学的社会和情感因素有着相同的担忧。在中学阶段,芬兰教育系统由两部分组成:公立综合初级中学(7—9年级)和高级中学(10—12年级)。初级中学科学分为物理、化学、地理、生物和(近期提出的)健康教育。[25] 这两类学校都系统发布了核心课程指南,但通常由当地教育管理部门负责课程设计。因为私立学校很少,所以绝大多数学生都上普通的公立综合初级学校。读完9年级后,学生必须选择是上高中还是职业学校。这两种选择通常是相当平均的,一半的学生进入高中,另一半进入职业学校。[26] 在高中,所有学生必须学习物理、化学和生物,另外,学生可根据兴趣选择更多的课程,每门课程36学时。美国和芬兰之间存在一些共同点:芬兰学生经常表达出对这些必修课程的无感和不满,就像许多美国学生在物理和化学学科表现出的无感和不满一样。[27]

根据我们团队成员卡勒·尤蒂(Kalle Juuti)和亚里·拉沃宁(Jari Lavonen)最近的研究发现,虽然芬兰教师有相当大的自由设计自己的课堂活动,学生在学年结束时也不需要参加国家统一组织的考试,但是学生们表示,科学实验似乎是由老师主导的——学生们遵循教师详细说明的步骤进行实验,而不是学生自己尝试设计实验。高中生也表示科学,尤其是物理很重要,但很难、很无趣,甚至让人感到不愉快。[28] 由此,尤蒂和拉沃宁得出结论,K-12框架中强调的理念对芬兰科学课堂,尤其是对鼓励学生自主进行研究、制定目标和承担责任有重要价值。研究者们得出的结论是,如果芬兰学生更热衷于科学并能够发现科学的乐趣,而不仅是重视工具,那他们更有可能认识到科学对他们未来的重要性。[29]

兴趣对我们目前的工作至关重要,因为研究表明,中学生对科学的兴趣与他们在中学后是否继续学习科学和从事科学研究之间存在关系。[30] 美国和芬兰在劳动力的技术培训方面确实存在担忧,尤其担忧个人在科学领域中发展和发挥想象力与创造力的机会,因为这些能力有助于创新。[31] 两国的标准都强调这些学习机会是有价值的,但在当前的科学教学中,这个话题很少被提及。芬兰和美国都在努力鼓励劳动者,特别是女性劳动者从事科学事业。我们认为,能够证明项目式学习有潜力提高人们对科学的兴趣、创造力、读写能力的化学和物理学科的案例证据不足。

项目式学习课程单元的介绍

在 2015—2016 年的试点期间，我们开发并实施了 4 个课程单元，包含 2 个化学单元和 2 个物理单元。随后我们对课程单元进行了修订，并在 2016—2017 年新增了 2 个特定学科的课程单元。每个课程单元持续两到三周。在芬兰，高中课程持续时间较短，每门课程只持续几周，涉及的主题范围比美国一学期或一年的课程范围要小，但每个课程单元所占的课时却相对较长。因此，在这两个国家的科学课堂上，尽管每天学生学习的课程单元略有不同（为了适应各自的课程结构），但在项目式学习课程单元上的实际课堂时间是相似的。

课程专家德博拉·皮克 – 布朗（Deborah Peek-Brown）与博士后汤姆·别利克（Tom Bielik）和伊斯雷尔·图伊图（Israel Touitou）共同领导了美国的课程建设工作（皮克 – 布朗和别利克主要负责课程建设，图伊图主要负责课程评估）。尤蒂与几位硕士学历的教师为芬兰的课程建设和课程评估做了很多贡献，两国之间共享了所有的资料。[32] 我们请一些团队成员来进行翻译，这样就可以互相了解彼此的工作。为了让读者了解这 6 个课程单元是如何符合 NGSS 和芬兰核心课程的，以下将进行简要描述。重要的是要强调两国同意使用项目式学习框架，该框架包括表现期望（芬兰不使用"期望"一词，但用词的含义与"期望"非常相似）、每个课程单元的驱动性问题、每个课程单元中学生需要完成的任务，以及能展现学生新认识的项目作品。

我们开发出的课程单元材料比下文描述得更为复杂，例如，我们分解了表现期望，为每个课程开发了表现水平的评估方案，并构建一个故事线来帮助教师理解和遵循整个课程单元中构建的学生理解的逻辑性和连贯性。[33] 在后文的描述中，有几个要点可能不是很明显，在这里进行说明：

- 驱动性问题是日常课程设计的基础，它贯穿整个课程单元，且是专门以学生的生活为基础而设计的。
- 在每个单元中，学生都积极参与建构模型、建构基于证据的解释、设计和实施实验、观察现象、收集数据、分析结果以支持基于证据的观点。

- 要求学生制作可视化项目作品，同时也进行单元前测、单元后测和学年测试，这些评价任务要求学生利用三维学习来解释复杂的现象、解决复杂的问题。

第1个化学单元是"蒸发"。NGSS中的表现期望是：

HS-PS1-3：计划和实施一项研究，收集证据，比较物质在宏观尺度上的结构，推论微粒间的吸引和排斥作用的强度。

HS-PS3-2：建构和使用模型，描述宏观尺度上的能量可以用与微粒（物体）运动有关的能量和与微粒（物体）相对位置有关的能量来解释。

芬兰为该课程单元制定了目标。[34]

为使这一现象与学生的生活发生联系，我们设计了一个在两国都适用的驱动性问题："当我坐在游泳池边上，为什么身上湿的时候比身上干的时候感觉更冷？"对于这个课程单元的现象，学生利用课堂实验和模型理解了蒸发降温是如何发生的，并建立了微粒水平的相互作用的理解，及其与宏观物质的结构和性质之间的关系。最后，为了了解和评估学生对该现象的理解情况，在整个单元中，教师设置了任务以评估学生建模的能力以及对模型进行解释的能力，评估学生能否将系统中的能量变化与物质结构的变化建立关联。[35]

第2个化学课程单元是"质量守恒"，NGSS中的表现期望是：

HS-PS1-7：用数学表征支持"原子——由原子与质量的关系可知质量也是如此——在化学反应时是守恒的"这一观点。

该课程单元的驱动性问题是"我能使物质出现或者消失吗？"。学生首先建立初始模型解释"为什么一张纸燃烧后不会留下灰烬？"，接着学生设计实验以思考在原子水平上物质发生的变化。利用这些信息，学生通过在线建模程序修改他们的初始模型，以找出物质出现或者消失的原因。该课程单元的评估方式是学生构建一个最终模型（项目作品）来回答驱动性问题，并对该模型进行解释。

最后1个化学课程单元是"元素周期表"，NGSS中的表现期望是：

HS-PS1-1：基于原子最外层能级电子的排布规律，用元素周期表作为模型来预测元素的相对性质。

HS-PS1-2：基于原子最外层电子状态、周期表趋势和关于化学性质的规律的知识，对一个简单化学反应的结果建构解释并进行修正。

该课程单元的驱动性问题是"为什么我们可以吃食盐,但是形成食盐的物质(钠和氯气)是有害的?"。学生们通过小组合作,利用可观察的数据、课堂演示进行研究,找出元素间发生反应的方式。学生了解元素周期表中的规律,并了解元素在周期表中的位置与元素性质和反应之间的关系。学生在最后一个任务中,构建起关于原子结构、电负性、电离能和元素反应之间的关系模型。

第1个物理课程单元是"力与运动",NGSS中的表现期望是:

HS-PS2-1:通过分析数据,论证牛顿第二定律是如何描述宏观物体所受的合外力、物体质量与加速度之间的数学关系的。

HS-PS2-3:应用科学与工程概念设计、评估和改进装置,使宏观物体在碰撞时所受的力最小。

该课程单元的驱动性问题是"如何设计一辆在碰撞时让乘客更安全的汽车?"。该单元中,学生活动包括合作研究和使用计算机建构模型来解释碰撞,并设计一辆使乘客更安全的汽车。为了达到这个目标,学生需要"弄清楚"如何设计一辆更安全的车辆,并理解合外力、质量和加速度(牛顿第二定律)之间的关系,及冲量和动量的具体含义。学生将这些知识与工程实践相结合进行设计,使用给定的材料,制造一辆小汽车并通过不断测试改造使之在碰撞时乘客的受力最小化。

第2个物理课程单元是"磁场",NGSS中的表现期望是:

HS-PS3-5:建构关于两个物体通过电场或磁场相互作用的模型,使用这个模型来说明两个物体间的相互作用力,以及由于相互作用而引发的能量变化。

HS-PS3-2:建构和使用模型,描述宏观尺度上的能量可以用与微粒(物体)运动有关的能量和与微粒(物体)相对位置有关的能量来解释。

该课程单元的驱动性问题是"是什么让磁悬浮列车能够漂浮?"。学生利用磁悬浮现象来探究磁场的特性,在回答驱动性问题时,要弄清楚磁悬浮列车是如何工作的,并通过课堂实验和计算机模型理解磁场、力和能量之间的关系。在本单元最后,学生们用磁铁构造一个漂浮的装置,并解释其背后的物理原理。

最后1个物理课程单元是"电动机",围绕NGSS中的3个表现期望开展:

HS-PS3-1:基于计算机建构模型,在一个系统的其他部分的能量变化和进出系统的能量流已知的情况下计算系统中某个组件能量的变化。

HS-PS2-5:计划和开展研究,提供证据说明电流可以产生磁场、变化的磁场可以产生电流。

HS-PS3-3：设计、建造和改进装置，在给定约束条件下运作，将一种形式的能转化成另一种形式的能。

该课程单元的驱动性问题是"我怎样才能制造出效率最高的电动机？"。学生将电动机作为研究对象，对电动机的电磁元件进行研究，通过课堂实验和计算机模型，学习和了解如何制造一个更高效的电动机，并理解电流和磁场之间的关系。最后，学生要使用给定的材料，尽可能地使用系统和能量转化的概念制造一个高效率的电动机。

学生在完成评估任务，展示如何"找到一个特定的现象——解决问题——使用证据支撑观点和方案"的过程中，我们能够测试项目式学习对学生学习科学概念和掌握科学实践所产生的真实影响，这是评估的真正目的。我们所有的评估项目都是基于 NGSS 的三维目标的，需要学生深入参与，在许多情况下，需要学生实际建构模型。与其他所有程序一样，我们的芬兰团队和美国团队在评估项目上也进行了合作——芬兰团队由拉沃宁和尤蒂领导。[36] 我们评估工具和程序的构建是基于科瑞柴科教授及其同事开发的程序。[37] 博士后研究员图伊图在最近的一篇论文中介绍了具体的评估任务的设计。[38]

我们建构和验证评估项目需要团队成员、科学家和科学教育工作者的专家评审。此外，我们还对教师和学生进行认知访谈来修改和完善我们的评估项目。类似地，我们在芬兰也进行了认知访谈，以了解这些问题是否是可以解释的，是否能够产生类似的反馈，特别是关于这些问题的清晰度和难度。我们所有的评估都允许学生写完整的段落描述和画模型。最后，教师对项目进行评分，以评估学生学科核心概念的学习情况、获取证据的过程及结果。

专业学习社区的作用

课程单元设计完成后，芬兰和美国两国的大多数教师都不熟悉项目式学习课程单元的开发过程。因此，我们在美国和芬兰策划了一系列专业学习研讨会，来帮助教师理解三维学习及其组成部分以及它们与项目式学习的关系。与项目式学习课程单元的学习类似，这些专业学习研讨会旨在为教师提供了解项目式学习及其对科学学习的价值，以及了解信息技术的机会，帮助他们确定学习目标、识别有价值的问题、提出挑战、应用科学实践及强调学科核心概念。除了凸显项目式学习对科学学习的价值外，还积极支持教师进行讨论和反思，促使他们通过合作和分享经验相互学习。[39]

招募学校和教师的过程相对简单。令人惊讶的是，愿意学习并在课堂上实施项目式学习的美国学校和教师比预期的要多，同时，他们也很乐意测量项目式学习对学生的社会、情感和认知方面的影响。在芬兰，招募教师的过程也同样顺利。在美国和芬兰，我们联系的都是距离各自研究大学不远的中学。选择的这些高中在学生的种族和民族、社会经济地位、学校位置和规模等方面都有所差异。尽管芬兰人口结构相对单一，但是近年来移民人口的增加导致其学校在学生和经济资源方面的差异有所增大。

在过去的两年里，两个国家都举办了一系列的专业学习研讨会，组织了8次国际研讨会，教师们在这些研讨会上分享了他们实施项目式学习课程单元的经验。在各自的国家，教师们也参观了其他学校的课堂。在第一次专业学习研讨会上，科瑞柴科教授和皮克-布朗教授阐述了此项目的背景意义，介绍了K-12框架和NGSS提出的背景和内容，并特别强调了要关注其中的学习表现的描述，因为NGSS中的表现期望推动着项目式学习课程单元学习目标的制订。

在研讨会期间，研究团队还着手编写了教师指南和所需的材料清单。这一过程贯穿始终，参与者通过在线会议频繁沟通，并向相应课程单元的教师负责人进行反馈。这种反馈是基于教师的经验和想法进行的，具有非常重要的意义，能够促使课程材料更好地满足教师和学生的需求。

我们在学习什么

别利克最近的一篇论文详细介绍了美国教师的专业学习以及他们对此的反应。[40]别利克选了一个小组，对有持续专业学习经验的领导教师和其他教师进行了深入采访。教师们表示，尽管在尝试项目式学习过程中遇到了很多挑战，但是他们仍然乐观地认为，项目式学习可以帮助学生开拓思维，而非追求唯一的正确答案。别利克的发现虽然不具有决定性，但证实了我们通过大量教师和学生数据发现的其他实证结果（见第4章和第5章）。

研究人员还从实施项目式学习的芬兰教师那里收集了数据。[41] 由拉沃宁教授领导的团队对教师进行了调查，收集了他们的教学计划，并在教室里对这些教师的授课情况进行了观察。芬兰教师表示实施项目式学习能够对学生开展科学实践产生积极影响。同时他们也认为项目式学习是对已有教学方式的革新，能够提高学生的科学学习兴趣。芬兰的教师们对自己和学生持积极态度，尽管他们描述了接受这种新型教学方式的挑战，但依然表示希望得到研究人员的持续支持。

芬兰教师愿意参与专业的学习活动，愿意在课堂上实施项目式学习的原因可以追溯到他们的教育背景和社会对教师的尊重。芬兰的科学教师都具有硕士学位，且在上学期间主修教授的学科，辅修教育学。为了获得学位，他们必须准备这两门学科的论文。因此，芬兰教师能够根据芬兰教育部和地方市政当局的政策设计自己的课程及其评估，并且教师被认为是课程开发、教学和评估方面的专家。芬兰教育当局和国家教育政策制定者也支持这种观点，认为教师、校长和家长是决定儿童和青少年理想教育内容和实践内容的最佳专家。[42]

虽然我们很重视专业学习的作用，但一直不清楚教师在实施项目式学习时是否忠实于其设计原则、表现期望和单元课程。为了证实这一点，我们使用经验抽样法，通过一个教室"窗口"观察教师和学生，同时还收集了教师的教案和课堂录像，以评估教师开展的项目式学习是否符合其目标。在一个课程单元结束后，会采访教师在课堂上遇到的挑战和成功之处。最后得到的结果是一幅关于三维学习的行动画像，教室就像一个动态的生态系统，反映着每个教师的教学风格、每个学校的实践和惯例，以及每个国家的历史、文化和习俗。

注释

1. 在芬兰，年轻人在拿到驾照前不会开车。这里描述的项目式学习专业学习课堂练习是为了展示与"力与运动"有关的驱动性问题的价值。如果这发生在芬兰，我们可以用自行车或雪橇等两个物体碰撞的案例来代替。

2. 克伯屈（Kilpatrick）的"项目教学"和"项目教学法"。

3. 有关杜威（Dewey）的进一步讨论，参见杜威（Dewey）的《经验和教育》（*Experience and Education*），杜威（Dewey）和斯莫尔（Small）的《我的教育信条》（*My Pedagogic Creed*）。关于对克伯屈和杜威之间差异的其他评论可以参见拉尔默（Larmer）、默根多列斯（Mergendoller）和博斯（Boss）编写的《为项目式学习设定标准》（*Setting the Standard for Project Based Learning*）；更多关于克伯屈的失败和他对进步教育运动的影响，请参见诺尔（Knoll）的《我犯了一个错误》（*I Had Made a Mistake*）。

4. 对项目式学习的部分批评已经触及了项目式学习基本原理的历史哲学。例如，康德利夫（Condliffe）等的《项目式学习》（Project-Based Learning）。我们采取了一种更现代的观点，特别是由于杜威的许多思想——参见杜威（Dewey）的《经验和教育》（*Experience and Education*）——与20世纪90年代的项目式学习文献更有共鸣；如布卢门菲尔德（Blumenfeld）等的《激发项目式学习的积极性》（Motivating Project-Based Learning）。

5. 诺尔（Knoll）的《我犯了一个错误》（I had Made a Mistake）。

6. 萨文·巴登（Savin Baden）和豪厄尔·梅杰（Howell Major）的《基于问题的学习的基础》（*Foundations of Problem-Based Learning*）。萨文·巴登和豪厄尔·梅杰的作品将项目式学习的历史追溯到古典希腊思想——我们选择强调它更现代的起源，展示如何在欧洲教育文献和报告中对它进行回顾，例如，斯博格（Sjøberg）和施赖纳（Schreiner）的 ROSE 项目。

7. 罗卡尔（Rocard）等的《科学教育现状》（*Science Education Now*）。

8. 奥斯本（Osborne）和狄龙（Dillon）的《欧洲科学教育》（*Science Education in Europe*）。

9. 见拉沃宁（Lavonen）的《一个国际专业发展项目的影响》（The Influence of an International Professional Development Project），芬兰教育和文化部（FMEC）颁布的《未来的高中》（*Tulevaisuuden lukio*）。

10. 关于学习科学理论和 NGSS 的介绍，参见埃德尔森（Edelson）和赖泽（Reiser）的《让真实的实践触手可及》（Making Authentic Practices Accessible to Learners）。参见基于设计的研究中心（Design-Based Research Collective）的《基于设计的研究》（Design-Based Research）。《基于设计的研究》既有支持者，也有批评者。这篇文

章强调了良好的基于设计的研究的特点。项目式学习应该被认为是一种基于设计的干预，它嵌入在理论中，经历连续的重新设计的循环，在真实的情境中发挥功能，并使用可记录和可测试的方法。基于设计的研究为我们正在进行的系统随机试验奠定了基础。

11. 参见布卢门菲尔德（Blumenfeld）等的《激发项目式学习的积极性》（Motivating Project-Based Learning）。

12. 托马斯（Thomas）（以及其他人）的评论强调的一个主要问题是"项目"是中心教学策略，学生通过该项目学习该学科的核心概念；托马斯（Thomas）编写了《研究回顾》（Review of Research）。我们认为，这个问题的出现是因为在许多早期使用这种方法的案例中，并没有对表现期望和学习目标之间的联系进行很好的界定。项目式学习不仅是通过实践来学习；还必须嵌入一个理论中，围绕策略制定明确的学习目标——由一个问题驱动，这个问题涉及科学实践的学习活动，然后可以通过评估过程进行测试。

13. 参见康德利夫（Condliffe）2017年发表的《项目式学习》（Project-Based Learning）。另一篇综述由我们的团队成员和研究助理克里斯托弗·克拉格（Christopher Klager）完成——在他的工作论文中，克拉格只确定了那些实际报告他们正在评估项目式学习在科学学习中的干预。他讨论了区分仅在科学学科中进行项目而不是使用前面描述的标准的研究的困难。尽管样本量较小，但他在中等效应量的情况下发现了正效应。参见克拉格的《科学中的项目式学习》（Project-Based Learning in Science）。

14. 参见卡斯特贝里（Kastberg）等的《表现》（Performance），穆利斯（Mullis）等的《TIMSS Advanced 2015 的国际比较结果》（TIMSS Advanced 2015 International Results）。关于科学素养需求的有趣文章，请参见米勒（Miller）的《公民科学素养的概念化和测量》（Conceptualization and Measurement of Civic Scientific Literacy）。米勒提出了一个强有力的例子，即获取工具理解科学，而不是学习即将被取代的"当前"科学术语和结构的细节，尤其是在学生接受高等教育的时候。关于劳动力市场趋势的问题可以在美国国家科学委员会（NSB）颁布的《2018年科学与工程指标》（Science & Engineering Indicators 2018）中找到。

15. 参见NGSS牵头州的《新一代科学教育标准》（Next Generation Science Standards）。

16. 有关芬兰的更多信息，请参见拉沃宁（Lavonen）的《一个国际专业发展项目的影响》（The Influence of an International Professional Development Project）。有关美国的更多信息，参见科瑞柴科（Krajcik）和希恩（Shin）的《项目式学习》（Project-Based Learning）。

17. 值得注意的是，为了明确起见，探究性科学教育（IBSE）被建议作为让学生参与科学学习的解决方案，而且与项目式学习一样，被批评在设计和方法上定义不明确和不完整。从我们的芬兰同事那里，我们了解到芬兰和美国的科学标准运动是相似的（这也适用于许多其他国家，在那里它通常被称为IBSE）。他们选择使用项目式学习和科学实践作为一个框架，而不是IBSE。有关这一点的更多信息，请参见拉沃宁（Lavonen）的《一个国际专业发展项目的影响》（The Influence of an International Professional Development Project）；还有芬兰教育和文化部颁布的《未来的高中》（Tulevaisuuden lukio）。

18. 关于现场试验的设计更深入的讨论，请见第4章。

19. 参见拉沃宁（Lavonen）的《一个国际专业发展项目的影响》（The Influence of an International Professional Development Project）。

20. 许多研究人员对项目式学习的文献做出了贡献。如坎特（Kanter）等的《做项目、学内容》（Doing the Project and Learning the Content）；默根多列斯（Mergendoller）、马克斯韦尔（Maxwell）和贝里西莫（Bellisimo）的《基于问题的教学的有效性》（The Effectiveness of Problem-Based Instruction）；还有贝尔（Bell）的《项目式学习》（*Project-Based Learning*）。最早参与描述项目式学习的要素和益处的研究人员之一是布卢门菲尔德（Blumenfeld），参见布卢门菲尔德（Blumenfeld）等的《激发项目式学习的积极性》（Motivating Project-Based Learning）。更早的出版物，请参见科瑞柴科（Krajcik）和布卢门菲尔德（Blumenfeld）的《项目式学习》（Project-Based Learning）。

21. 这些因素取自科瑞柴科（Krajcik）和希恩的《项目式学习》（Project-Based Learning）；科瑞柴科（Krajcik）和塞尔尼克（Czerniak）的《科学教学》（*Teaching Science*）；麦克尼尔（McNeill）和科瑞柴科（Krajcik）的《为5—8年级学生提供支持》（*Supporting Grade 5–8 Students*）。

22. 参见NGSS牵头州的《新一代科学教育标准》（*Next Generation Science Standards*）。

23. 参见雅各布（Jacob）等的《仅仅是期望就足够了吗？》（Are Expectations Alone Enough?）。

24．参见伊诺霍萨（Hinojosa）等的《探讨未来 STEM 劳动力的基础》(*Exploring the Foundations of the Future STEM Workforce*)。

25．我们使用的芬兰课程版本与美国的《新一代科学教育标准》分别于 2014 年和 2015 年出版。芬兰的国家课程描述了广泛的学习目标和特定学科的核心目标；然而，市政当局有自主权，因此课程是由本地制定的。与 PISA 类似，国家课程使用科学的概念知识和程序知识来解释现象，评估和设计科学探究，并科学地解释数据和证据。参见维蒂卡（Vitikka）、克罗克福什（Krokfors）和胡尔梅林塔（Hurmerinta）的《芬兰国家核心课程》(The Finnish National Core Curriculum)；OECD 颁布的《2015 年国际学生评估项目科学框架草案》(*PISA 2015 Draft Science Framework*)；拉沃宁（Lavonen）的《芬兰的国家科学教育标准和评估》(National Science Education Standards and Assessment in Finland)。

26．在芬兰，教师给出的分数被用作推荐，不具有约束力，学生在选择中学时有真正的选择权。这两种途径都可以通往高等教育，但大多数上职业学校的人倾向于进入劳动力市场。参见拉沃宁（Lavonen）的《一个国际专业发展项目的影响》(The Influence of an International Professional Development Project)。

27．关于芬兰学生的回答，请参见拉沃宁（Lavonen）和拉克索宁（Laaksonen）的《芬兰学校科学教与学的背景》(Context of Teaching and Learning School Science in Finland)。

28．参见尤蒂（Juuti）和拉沃宁（Lavonen）的《教学实践是如何联系起来的》(How Teaching Practices Are Connected)。

29．参见尤蒂（Juuti）和拉沃宁（Lavonen）的《教学实践是如何联系起来的》(How Teaching Practices Are Connected)。

30．参见芬克（Funk）和赫弗伦（Hefferon）的《随着对训练有素的科学家的需求不断增长》(As the Need for Highly Trained Scientists Grows)。另见乔（Chow）和萨尔梅拉－阿罗（Salmela-Aro）的《跨学科领域的任务价值》(Task Values across Subject Domains)。

31．在芬兰，问题主要集中在女性选择不进入 STEM 领域或新兴行业中。美国视角，见美国国家科学委员会（NSB）颁布的《2018 年科学与工程指标》(*Science & Engineering Indicators 2018*)。

32．参见尤蒂（Jutti）和拉沃宁（Lavonen）的《教学实践是如何联系起来的》(How

Teaching Practices Are Connected）；以及他们最近的评估工作，拉沃宁（Lavonen）和尤蒂（Jutti）的《学习评估》（Evaluating Learning）。

33. 故事线和日常教学计划的例子可以在第 2 章中找到。也请参见别利克（Bielik）等编写的《高中教师的视角》（High School Teachers' Perspectives）。美国其他团队在化学单元的建设中发挥积极作用的团队成员包括德博拉·皮克-布朗（Deborah Peek-Brown）和凯莉·芬尼（Kellie Finnie）；皮克-布朗也是物理单元的负责人。

34. NGSS 的表现期望编码系统可以在《如何阅读 NGSS》（How to Read the Next Generation Science Standards）中找到，请访问 *https://www.nextgenscience.org/resources/how-read-next-generation-science-standards*。第一个代码表示年级等级；在我们的例子中，它们都以"HS"开头，因为我们的单位是中学的。接下来是表示科学学科的代码（在我们的例子中是物质科学的"PS"），然后是一个数字来表示学科的核心概念，然后是它们在框架中出现的顺序。

35. 关于我们建模工作的最新结果，请参见克拉格（Klager）、切斯特（Chester）和图伊图（Touitou）的《学生的社会与情感体验》（Social and Emotional Experiences of Students）。

36. 参见拉沃宁（Lavonen）和尤蒂（Juuti）的《学习评估》（Evaluating Learning）。

37. 参见阿里斯（Harris）等的《建构评价任务》（*Constructing Assessment Tasks*）。

38. 参见图伊图（Touitou）等的《项目式学习的影响》（Effects of Project-Based Learning）。

39. 我们在芬兰开展和评估我们的专业学习活动中所使用的范式参见拉沃宁（Lavonen）的《高质量科学教育的基石》（Building Blocks for High-Quality Science Education）；在美国所使用的范式，参见科瑞柴科（Krajcik）和塞尔尼克（Czerniak）的《科学教学》（*Teaching Science*）。

40. 参见别利克（Bielik）等的《高中教师的视角》。

41. 参见拉沃宁（Lavonen）的《国际专业发展项目》。

42. 关于芬兰，参见拉沃宁（Lavonen）和拉克索宁（Laaksonen）的《芬兰学校科学教与学的背景》（Context of Teaching and Learning School Science in Finland）。关于美国，参见科瑞柴科（Krajcik）的《项目式学习》（Project-Based Science）；科瑞柴科（Krajcik）等的《教学计划》（Planning Instruction）。

2. 美国课堂中的科学项目式学习
——以物理课堂为例

库克（Cook）老师看了看他的教学计划，知道这不是普通的一天，不能像平常一样只是点评物理作业或通过演示说明一个概念。今天，他将开始教授 PBL 课程，这是他在专业学习期间与其他物理教师和大学研究人员合作设计的课程。多年来，他仅停留在对 PBL 有所耳闻的程度，现在他将有机会亲自带领学生一起尝试项目式学习。

库克老师又看了一遍教学计划，以确保他已经为第一节课做好了准备。他有点焦虑，因为他仍然不完全确定如何能花一整节课的时间让学生学会提问，但他也知道，他可以通过将一个变量与另一个变量关联起来的方式，帮助他的学生学会提出更具科学性的问题。他认识到，让学生对一种现象提出有目的、有意义的问题是一种重要的科学实践，他很高兴能尝试这种新方法。[1]

为了更清晰、更丰富地记录 PBL 如何在美国和芬兰的课堂上实施，本章和下一章将详细介绍在两个国家真实的教学过程。一个主要的问题是美国的 NGSS 和芬兰国家核心课程为教师教学提供的资料相对有限。最近一些组织，如美国科学教师协会（National Science Teachers Association）一直致力于为高中教师带来新的科学实践教学材料。[2] 美国和欧洲的政策制定者从更宏观的层面制定了有关项目实施的政策，这些政策聚焦教师培养和专业发展有关的主题，例如，领导力、人际关系网、伙伴关系，以及所需资源。[3] 这些政策指导方针是必不可少的。但在课堂实践上，当教师发现他们可用的教学材料与国家标准不一致时，教师常常处于两难的境地。教师掌握了 PBL 教学的基本理念之后，他们就需要培训课程来支持、指导他们实施教学。这一问题也引起了人们对系统、连贯的专业学习经验的重视，这些经验为实施 PBL 提供了策略（稍后再详细介绍）。

在传统的物理课堂上，学生通常要花大量时间使用已有公式来解决数学问题。面对力与运动的相关问题，他们可能会使用公式 $F=ma$（牛顿第二运动定律）来解决，但他们并没有真正理解为什么或什么问题适合使用这个公式来解决。[4] 也就是说，学生学会了如何把数字代入公式对应的部分，但他们几乎不理解这样做背后的原因和公式所描述的现象是什么。同样地，学生在进行科学研究的时候，他们也会遵循一套特定的规则，跟着规则一步一步地将数字放入表格或构建图表来表示变量之间的关系。学生很少去探究公式中的每个变量是如何相互影响的，或者公式是如何应用于解释他们实际看到的现象和用于预测的。

在 PBL 中，学生仍学习相同的数学关系或公式。不同的是，通过参与具体的科学和工程实践，他们可以了解为什么这个公式能够很好地解释和预测自然现象。对这种类型的 PBL 教学的一个普遍批评是，学生将不能解决出现在传统教科书中相同类型的问题。我们认为，通过加深学生对公式原理的理解，学生可以通过实践研究、数据建模找到问题的答案，并为提出或支持自己的观点提供证据。这些类型的活动为学生提供了将原理应用于解决其他问题所需的经验。[5]

库克老师的物理课堂

如前所述，所有参与项目的教师在开始 PBL 单元教学之前，都接受了相应的专业培训，在他们授课期间也得到了虚拟技术的支持。所有 PBL 教师都会收到每个单元的"每日每课时教学计划"以促进学习过程，其中包括单元驱动性问题、学生表现期望、课时计划、教学材料，以及大量的注释。其中，本单元的三个教学计划都将在本章展示。这些教学计划，以及对库克老师和他的学生经历的描述，是通过视频、观察、访谈以及学生和教师的 ESM 回答中的图片呈现的。[6] 总的来说，这些数据凸显了在整个单元教学中 PBL 的设计原则是如何具体实现的。

力与运动单元：第一天

库克老师手里拿着教学计划，脑海里还在不断回想项目的具体设计，准备开始他的第一节课。

当所有学生都到了之后，库克的紧张感消失了，他开始做他喜欢的事——与学生互动。他的课堂从一个问题开始"你们或你们身边有人经历过车祸吗？"这直接引发学生开始了关于车祸经历的讨论。库克教师提醒学生，他们即将观看的视频可能会让人感到不舒服，如果他们因为卷入过严重的车祸或其他原因而不想观看，请让他知道。然后他开始播放视频，视频描述了一辆小轿车以每小时120英里（约193公里）的速度撞到墙上的碰撞测试。当汽车被撞得面目全非时，学

生们都吓得喘不过气来。该视频以慢动作回放了车祸过程，这样学生们就可以看清汽车撞到墙上时的实际冲击力。然后，库克介绍了单元驱动性问题："如何设计一辆在碰撞时让乘客更安全的汽车？"这个驱动性问题将为接下来的两到三周的学习提供情境。

然后，库克重新播放了视频，这次他要求学生认真观察，找出为了设计一辆更安全的汽车他们需要解决的问题。库克为学生提供了便利贴，让他们自己写下问题。当每个学生提出两到三个问题后，库克就把学生分成了小组，让他们讨论决定如何组织子问题来解决共同的驱动性问题。学生们关于质量、力和汽车速度的讨论非常热烈。当他们贴便利贴的时候，学生们一边阅读对方的问题，一边发表评论。

一个学生问："我们应该把关于汽车大小的问题放在哪里？"另一个学生回答："关于汽车的一切问题都应该在这里。"一个很少在课堂上发言的学生，胆怯地分享了她的问题"我们如何知道每辆车需要维修什么？"另一个学生回应她，问道"这是关于汽车的还是关于汽车设计的？"两个学生同意这个问题是关于汽车设计的，并把这个问题放在了双方同意的类别中。当不同类别的便利贴越来越多时，学生们开始看到问题呈现出不同主题，并初步总结了三类问题：关于碰撞的问题，关于力的问题，关于汽车的问题。库克老师加入小组，提出影响碰撞的相关变量问题，以促进学生的讨论和批判性思考。并通过"当你说'汽车的问题'时，你想表达什么？你想了解关于汽车的哪些方面？你能告诉我更多吗？"等问题引导学生不断澄清概括出的问题主题。

学生将各自小组的问题张贴在教室的驱动性问题板上。[7]（这里展示的图片是一个驱动性问题板，用来张贴整个单元中新的问题、学生的调查数据和汽车设计的想法。）在课堂的结尾，库克老师告诉学生，在接下来的两到三周内，他们将共同探索这些问题，包括建造和测试他们自己设计的更安全的汽车。

在这节课中，我们测量了学生在参与各种单元任务时的社会和情感体验。我们发现，当学生花时间问问题、探索他人的想法和解决复杂的问题时，他们很投入——例如，在第 1 课时中，当学生提出自己的问题并与他人讨论他们初步的解释时。这不仅使问题对学生个人来说更有意义，也将学生与重要且有价值的单元驱动性问题连接起来。

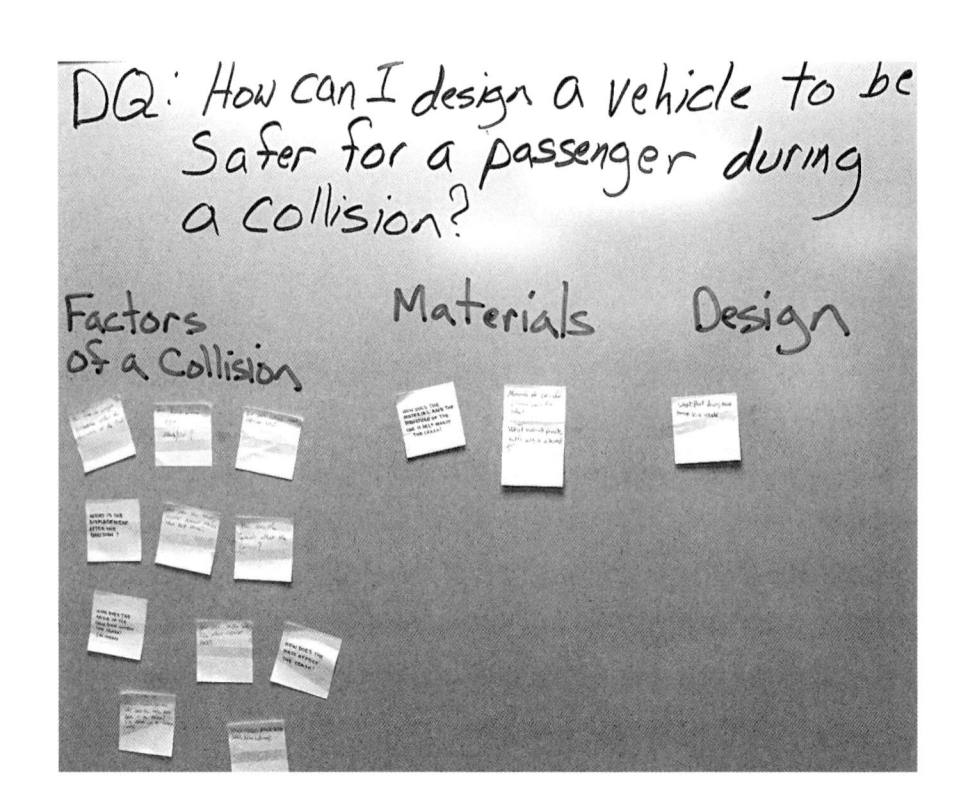

力与运动单元：中间过程

本部分处于力与运动单元项目式学习的第四天和第五天，学生们正致力于建构模型来解释他们采集到的数据。从第一天至今，学生完成了计划和调查研究，收集了数据，考察了不同变量对碰撞的影响程度。[8] 库克老师第四天的教学计划是要求学生建构模型来解释他们的研究结果。虽然他以前在物理课堂上使用过模型教学，但他从来没有要求学生构建自己的模型来解释数据。库克老师仔细阅读了他的教学计划，因为他不确定在这个新的科学实践过程中应如何支持学生。

回想过去几天的 PBL 单元教学，库克老师对他和学生所取得的进步感到惊讶。在此之前，在学生进行调查研究前，库克老师总会给很多直接的指导，通常会花一整节课的时间讲解调查研究背后的科学原理。本次的 PBL 单元教学完全不同，他要求学生在没有提前的课堂学习或明确指导的情况下设计自己的调查！只告诉学生做什么，不告诉学生怎么做，学生肯定会一直问问题，这对库克老师来说可能很难应对。每次学生问问题的时候，库克老师都会问他们的想法是什

么。正如库克老师参加专业学习期间，导师所做的那样。很快，令他惊讶的是，学生们开始有了自己的想法，他们热切地想要自己解决问题。结果也令人惊讶，每个小组设计的调查虽略有不同，但是将他们的研究结果放在一起并相互分享时，学生们能够发现在碰撞过程中不同变量对力的影响。这是理解和应用牛顿第二运动定律的第一步。

在第五天，当学生走进教室时都感到很兴奋，因为自己前几日所分享的数据和初始模型出现在教室的海报上，库克老师的电脑也展示了一些新东西。上课时，库克让学生回顾上节课的数据和模型，并与他们的小组伙伴讨论这些数据如何帮助他们回答驱动性问题，并设计出更安全的汽车。学生们转向写着数据的海报纸，并讨论他们的结果。几分钟后，几位学生代表与全班同学分享了想法。库克老师对学生能够将调查数据与汽车碰撞联系起来感到又惊又喜。大多数研究小组都认为，他们的数据表明，为了保证乘客的安全，需要考虑汽车的质量或速度。

一些学生开始争论在他们的设计中应该首先关注哪个变量。一个学生认为改变速度更重要，因为在碰撞过程中汽车的质量不会改变。另一个学生回答说他们首先开发质量更小的汽车，这样碰撞的影响就会更小。库克老师感到很兴奋，他看到了学生们的热情，并看到他们不断质疑并设计不同的解决方案以提高汽车的安全性。他建议学生使用计算机模拟程序来验证不同质量和速度对小车的影响。

加速度（速度）

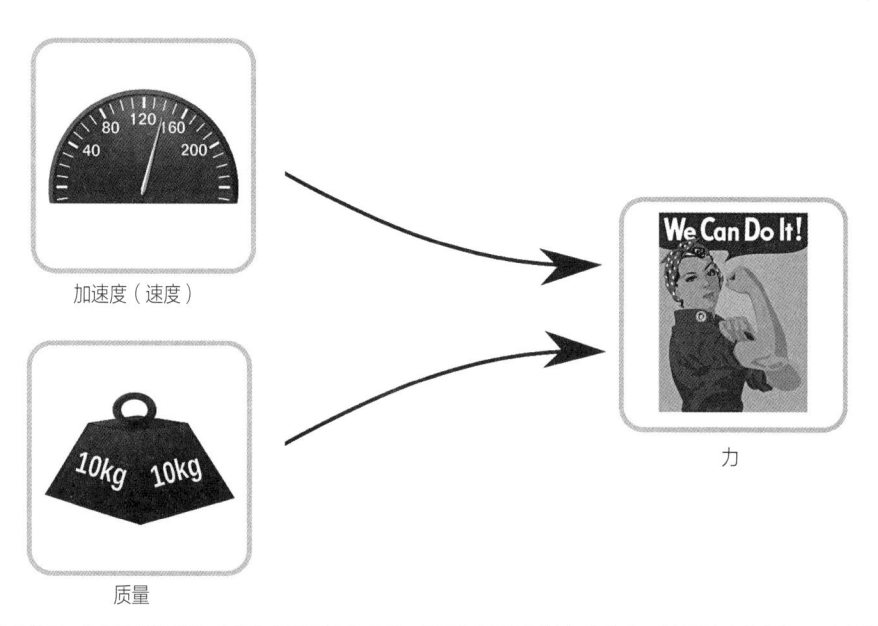

质量

力

图片展示的是一个体现对牛顿第二定律基本理解的初始模型。但是学生用速度代替了加速度，这是学生在传统物理课堂中能够获得的。相反地，在项目式学习中，学生将被鼓励探究这个公式真正的意义，将公式与其在真实世界中的应用建立起关系（例如，设计更安全的汽车）。

为了测试学生各自的初步模型，库克老师引入了 SageModeler 这一非激活计算机建模程序。[9] 在上课之前，库克老师一直担心 SageModeler 程序对学生来说很难。不过，库克老师发现，给学生发了笔记本电脑后，大多数学生都能在没有太多帮助的情况下使用这个程序。当学生们建构并测试他们的模型时，库克老师注意到每次学生在发现这个建模工具的新功能时，都急切地想与其他学生分享。库克老师在教室里走来走去，对学生们取得的进步感到非常高兴。他注意到，计算机建模程序完成了数学计算，很好地支持了学生批判性地思考变量之间的数学关系。他认为，这个建模工具对吸引数学能力较低的学生解决数学问题特别有帮助。

本节课快结束时，库克老师意识到他没有足够的时间让所有的学生展示他们的模型。考虑到让学生相互分享和评价模型的重要性，库克老师计划明天为此腾出时间。他还注意到，一些学生在建构计算机模型时没有考虑他们的调查数据。考虑到让学生建立调查数据与模型之间关系的重要性，库克老师开始计划接下来的教学内容，以及他需要强调的原则。

力与运动单元：最后一天

这一阶段的教学展示了如何通过单元的活动，以连贯的教学促进学生从最初的基本想法发展为复杂的模型。我们的观察结果、视频记录和 ESM 数据展示了学生在单元学习过程中理解的转变与进阶和应用大概念进行问题解决的过程。我们的目的是确保每一堂课对学生来说都是有价值和有意义的，能够展示他们的想象力，并激发他们的好奇心。

在 PBL 物理单元学习的最后两天，驱动性问题"如何设计一辆在碰撞时让乘客更安全的汽车？"，马上就要得到答案。学生们在之前几天里一直在准备他们的展示和测试他们的设计。库克老师最后一次检查了最后一节课的教学计划。他以前从来没有让学生在他的课上做过展示，他想确保一切顺利。

学生们走进教室，开始组装他们展示所需要的所有材料。他们渴望分享自己的设计方案。也有部分同学更想在一小群同学而不是全班同学面前展示，库克老师听取了他们的意见。

库克老师帮助每个组分配演讲者和听众。每组展示时间约五分钟，然后观众移到下一桌。虽然当观众中的学生转换为展示者时，现场会有一点混乱，但在大多数情况下，展示进行得非常顺利。库克老师在各组之间来回走动，聆听每一场报告。大部分学生在其他团队展示时非常投入地听讲，他们会互相提问并给出反馈。只有少数学生似乎没有参与讨论，但仍然在认真听讲。

虽然每个组的展示的复杂程度和质量各不相同，但是每个分享都能提供一些有价值的东西。在以前的物理单元学习中参与度不高的学生，现在能够提出问题、提供他们的观点，并参与到教学过程中。虽然两周前，库克老师不确定这个单元将如何在他的课堂上开展，但是他对最后一节课上看到的结果非常满意。他观察到他的学生确实能够使用物理思想来解释现象，他也看到他的学生正在运用创新和批判性思维技能。对库克老师和他的学生来说，改变是非常不容易的。当他看到他的学生参与到真实物理问题解决时，库克老师觉得这一切都是值得的。下课后，库克老师开始思考是否将PBL融入其他物理单元的教学。

这些课时教学计划的展示是为了强调PBL不仅是做一个项目，如建立一个汽车模型，它还有助于强化为了解释现象而提出问题和解决问题，相应地建立三维学习的学习习惯和技能。这种理解应该来自学生，而不仅是老师的提问。学生被鼓励发挥想象力，所有的想法都有价值也有可能会被批判，这也是NGSS和PBL的另一个重要特征。[10]本书第1章提到的6个PBL单元都有与上述课例类似的课时教学计划，这些资源在我们的网站上（scienceengagement.com）是开放的。（该网站还包括为芬兰老师们设计的材料。）

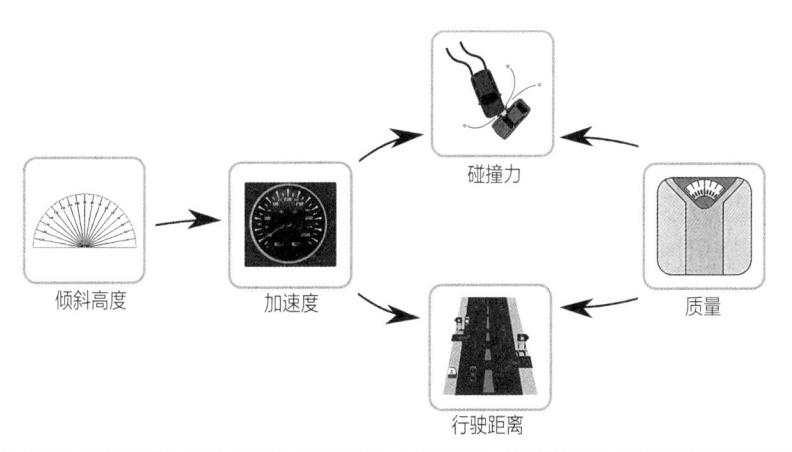

这是最终模型，模型中的数据是学生在整个单元学习期间收集的。虽然不完美，但是模型展示了学生能够识别出哪些因素会影响碰撞中的力。他们也展示了力、质量和其他变量之间的关系。在这个课例中，倾斜高度和行驶距离不在他们最初的模型里，但是出现在最终模型中，因为他们在探查汽车碰撞现象的解释时产生了这样的想法。

每一个 PBL 单元都有一个故事线，教师可以在教学过程中参考。故事线的价值在于保持教学和学习的连贯性，并将活动及其三维学习联系起来。故事线从单元驱动性问题开始，承载了体现学生学习目标的 NGSS 表现预期。接下来，通过问题、现象、科学和工程实践、解释的内容以及教学的方式等部分，将课程与三维学习框架紧密连接。例如，学生将会产生关于力、质量和加速度之间关系的问题，并创建初始模型。力与运动单元的故事线可以在附录 B 中找到。由于篇幅的限制，本书没有展示化学单元——然而，它的基本框架与物理单元相似（见第 1 章）。

教学完成的准确度

其他教师的课堂没有被全程观察记录，那么如何保证他们的 PBL 教学实施效果与库克老师的相近呢？本章所呈现的课程实录，是基于单元开始、中间和结尾三个课堂阶段的观察数据和视频信息而整理的。而这也是我们在观察美国和芬兰其他教师样本时所使用的方案。

我们构建了一个评分标准，评判教师能够在多大程度上：①完成既定课时目标；②探究驱动性问题；③引导学生提出探究问题；④准确呈现学科核心概念，并获得准确的学生理解情况信息；⑤应用科学实践（提出问题、定义问题、建构模型、计划调查、分析数据、解释数据、解决问题、构建解释和设计解决方案）；⑥参与学生合作；⑦鼓励学生提问，并推动班级和小组进行有效讨论；⑧将学生新获取的知识与已有知识和前置课程建立联系。每一类都被标记为有限证据、部分证据或充分证据三个水平。此外，我们还设立了其他类别来衡量师生合作的程度。在芬兰，我们主要对参与教师培训项目学员的课堂教学进行了观察。

由于这项工作是在实地测试中进行的，我们还参照从使用 ESM 的美国和芬兰的教师和学生那里获得的情境数据（详见第 4 章）。这些数据提供了应对课堂上可能发生的其他事情的措施，包括教师和学生在课堂上使用的科学和工程实践的综合列表。这些关于芬兰和美国的教师实践的测试结果已经在一些国际出版物上发表。[11]

本章的图片是特意挑选的，以说明学生——尤其是女生，在这些课程中的参与度。有人可能会说："这些只是照片而已——女生的真实感受还不清楚。"然而，经过多次测量整个学期中学生的社会和情感数据后，发现女生在 PBL 单元中比在"常规"科学课中积极参与的可能性更高。[12] 在 PBL 课堂中，芬兰和美国的女性学生会更积极地探索和解决问题，她们认为自己比在"常规"科学课上更有成就感（详见第 4 章）。

参与研究的所有教师都参与了 ESM 测试，并以特定的方式被问及他们在科学课程中使用了哪些科学实践。这些 ESM 答卷信息，与观察数据和视频形成了三角互证，为理解与其他类型的科学课程相比，PBL 课堂所带来的影响和变化提供了重要视角。从这些信息中，我们可以更全面地了解库克老师的学生——以及其他老师的学生——在 PBL 单元中实现三维学习的程度。教师们将 PBL 框架整合到他们的科学课程中所面临的挑战和取得的成功将在第 5 章得到更充分的描述。

在我们研究的第一年，一组芬兰物理教师到访并观察了美国物理教学上的几节课。他们说，美国教师在课堂上和他们使用的是相同的技术。这项技术允许学生立即回答特定问题，然后查看班级学生对每个问题的同意程度的数据。美国和芬兰的教师都对这种直接测评学生学习达标程度的技术是否有助于学生概念的理解和应用表示担忧，同时都表示，需要让学生更多地经历提出问题、设计解释现象和解决问题的研究方案的活动。库克老师和伊莱亚斯·法尔克（Elias Falck）老师的教学（见后文）展示了这些教师从尝试过渡到实现这些目标的经历。

库克先生的教学计划：第一天

单元驱动性问题[a]

如何设计一辆在碰撞时让乘客更安全的汽车？

基于 NGSS 的学生表现期望

已理解的学生可以表现出：

HS-PS2-1：通过分析数据，论证牛顿第二定律是如何描述宏观物体所受的合外力、物体质量与加速度之间的数学关系的。

HS-PS2-3：应用科学和工程概念设计、评估和改进设备，使宏观物体在碰撞时所受到的力最小。[b]

课程时间	学习表现[c]	项目式学习的元素	教学材料
第一天、第二天	学生在观察两个物体碰撞的现象之后，提出问题，并建构最初模型。	**子问题**[d]：汽车在碰撞过程中发生了什么？ **连接**：介绍驱动性问题、通过视频让学生观察碰撞现象并让学生用玩具汽车探索碰撞。 驱动性问题在整个单元学习中会多次出现。学生从借助玩具汽车探讨碰撞开始建构模型，在整个单元学习中也会不断地修正模型。 **安全指南**：学生应该保持玩具汽车在他们的桌子或台面上。 **作品评价**[e]： ● 在便利贴上写上与驱动性问题相关的问题。 ● 构建一个解释在碰撞过程中发生了什么的模型。	● 便利贴 ● 观看视频的投影仪
课时计划	**教师笔记** 单元开始，教师提问学生他们或他们身边是否有人经历过车祸。 全班讨论后提出我们将学习如何让乘客在汽车碰撞中更安全。 同时，关注经历过车祸创伤事件的学生的感受。 **引入驱动性问题** 1. 教师给学生展示汽车碰撞的视频，接着给出驱动性问题并解释挑战任务是设计一辆在碰撞时让乘客更安全的汽车。 学生将提出问题，以确定他们需要什么附加信息来解决驱动性问题。学生在他们的问题表单上会写下一系列问题[f]。每个学生会得到三张便利贴，每张便利贴只能写一个问题（最终写下他们能够想到的前三个问题），然后按照问题主题的类型将他们的问题进行分类。		

第一部分 改变高中科学学习体验   31

续表

课程时间	学习表现[c]	项目式学习的元素	教学材料
课时计划		2. 学生会在课堂上分享他们的问题。教师将在黑板上列出问题的几个种类（根据学生提出的问题的类型，将他们分组）。接下来，学生会根据问题类型把他们的问题贴在教室里的驱动性问题板上[g]。例如：（1）关于汽车设计的问题；（2）关于汽车安全性的问题；（3）关于力的问题。 3. 教师强调在整个单元学习期间会多次回顾这些问题。 **课堂活动** 1. 教师将寻找与课堂问题相似的问题或将问题"在碰撞过程中发生了什么？"增加到问题清单中。这个问题被用来介绍课堂活动。 2. 学生将观看一系列展示两个物体碰撞的视频。教师提示学生思考这些视频中影响碰撞的相同和不同的因素（模式），以及这些因素为什么能够（或不能够）如此剧烈地影响碰撞。 ● 小型货车和小轿车以193km/h的速度发生超级大碰撞的视频。 ● 奔驰S级轿车和智能汽车碰撞的视频。 ● 足球比赛中的碰撞视频。（注释：老师可能不想展示足球比赛中的碰撞视频，或可能会警告学生，类似的撞击很激烈。对一些学生来说，这将是一个很好的参与工具。其他人有可能不同意。） 3. 教师将让学生提出关于探究碰撞相关影响因素的问题（这可能是之前的一个问题，或是一个来自视频观察的新问题）。教师将会引导学生绘制一张汽车碰撞的图来解释他们的问题。学生应该在他们问题表单的背后画图来解释发生了什么以及为什么。学生应该和同伴分享他们画的图来解释碰撞过程。[h] 教师应该在全班发起关于模型的讨论，例如，提出下列问题[i]来发起讨论： ● 什么是模型？当你听到"模型"这个词，你会想到什么？ ● 什么是科学模型？为什么要使用模型？为什么模型很重要？ ● 你的画可以被看作模型吗？为什么？ ● 如何修正你的模型，从而得到更好的模型？ ● 玩具车碰撞和真实碰撞的区别是什么？这些模型的限制因素是什么？ 学生不应该只关注画出最漂亮的玩具汽车，更应该关注在物体碰撞时发生了什么，并用画来解释。 **课堂总结** 这节课再次回顾了子问题和单元驱动性问题。学生分享了活动期间的观察结果和他们最初创作的模型。教师应该尝试将课前的视频和玩具汽车的碰撞联系起来。学生也应该分享与碰撞或驱动性问题相关的其他新问题。	

a. 每个教学计划都在强调穿插于整个单元的驱动性问题。不断重复驱动性问题以强调它的重要性，目的是让学生的任务能够聚焦于现象解释。

b. HS-PS2-1和HS-PS2-3是基于NGSS的表现期望。它们整合了三维学习目标，而不是只与内容对标。我们不必要求教师在一个单元教学中能够完整地实现表现期望。我们开发了诸多单元，以帮助教师在整个学年中努力提高学生在此领域的熟练程度。

c. 学习表现是比表现期望范围更小的三维学习目标，是学生在一天或几天内能够实现的。它有助于学生回答驱动性问题并实现表现预期。

d. 子问题帮助教师组织课堂教学，因此学生可以沿着解答驱动性问题的方向随时进行某一方面的研究。

e. 作品评价对应的是表现目标，能够帮助教师评价学生理解的发展。

f. 问题表单是我们创建并提供给教师的一份文件，以帮助他们引导学生提出问题。我们的研究表明，问题表单对于引导学生专注于驱动性问题很有帮助。
g. 驱动性问题板是全班收集和发布所有问题的地方。在这个课例中，驱动性问题板都是关于车辆碰撞的问题。学生进行项目研究的过程中，板上的问题会被重新讨论，同时指导学生进行研究。
h. 这里概述的活动旨在激发学生思考如何解释现象。我们使用"画图"这个词来表示学习者的建模过程。
i. 这里，教师将建模整合进了科学实践。这些初始模型通常表明，随着学生收集信息和修改模型，他们的科学相关能力和知识有所提高。

库克老师的教学计划：中间部分

课程时间	学习表现	项目式学习的元素	教学材料
第四天、第五天	通过 SageModeler 建模软件，学生将创建一个模型来解释车辆碰撞时的力和物体质量或力和碰撞中物体的速度/加速度之间的关系。	**子问题：** 如何建构一个可以解释物体碰撞的模型？ **连接：** 学生使用 SageModeler[a] 持续建构关于汽车碰撞的模型。 **安全指南：** 无。 **作品评价：** 小车/坡道活动初步研究的 SageModeler 模型（速度、质量和力之间的关系）。	● 笔记本电脑（每两位学生 1 个） ● 教师笔记本（指导学生使用 SageModeler 建模）
课时计划		**介绍** 教师参照驱动性问题来回顾本课程单元。教师请学生分享上节课他们获得的数据和最初的模型，描述他们的调查如何帮助自己回答驱动性问题，并从教师和其他同学那里获得反馈。 教师解释说，学生将使用网络上的 SageModeler 软件来创建一个系统性模型，该模型可以生成与他们在研究中收集到的数据相匹配的数据。学生将小组合作创建一个模型，利用研究中获得的数据解释变量是如何相互作用的（让学生在使用电脑前思考可能是一种很好的暖场形式）。 **课堂活动** 给学生发笔记本电脑。学生在 SageModeler 软件上创建账号，教师在教室里四处走动以随时解决学生的问题。第一天使用 SageModeler，学生应该两人一组进行练习（以减少可能出现的技术困难）[b]。 教师应该投影自己的电脑屏幕，引导学生了解 SageModeler 软件的不同特性、了解如何完成基本任务。例如，创建一个变量，并使用箭头将其连接到另一个变量。 学生小组应该探索 SageModeler 软件界面一段时间（5~10 分钟），直到老师提示他们专注于创建一个模型，该模型可以生成与他们在研究中收集到的数据相匹配的数据。老师会在教室里走动，排除软件使用的故障，检查学生是否理解。	

第一部分 改变高中科学学习体验 33

续表

课程时间	学习表现	项目式学习的元素	教学材料
课时计划		这是学生建构模型来解释驱动性问题的第一步。教师需要确保学生明白，在本单元后面的学习中，当他们研究更多的变量时，这个模型会被修改和改变。 **顺序：** 　1. 学生打开 SageModeler 链接。 　2. 学生打开文本框，写下驱动性问题。 　3. 学生开始添加变量，连接变量并定义关系（要求他们在推理框中为每个关系添加解释）。 　4. 老师演示如何运行模型模拟并创建图形。 　5. 学生运行他们的模型，展示自变量如何影响因变量。 　6. 班级内分享并讨论学生的模型。[c] 教师投影了几个学生的模型。然后要求学生公正地评判各种模型：它们有什么优点？哪些地方可以改进？关于他们为什么这样建立模型，学生有问题可以直接问同学。当展示一个特定的模型时，教师要求学生预测如果一个或多个自变量发生变化，输出应该是什么样子的。 教师也应该注意常见的建模问题。教师可能希望学生提出具体的例子，着重讨论可能在以下方面得到改进的例子： 　● 对象与变量。 　● 确定这些变量之间的适当关系。 　● 包含适当的变量，确定哪些变量对系统的影响较大或较小。 　● 变量之间的直接和间接关系，确保只有直接影响被联系起来。 　● 能够确定系统的边界。[d] **课程总结** 本环节将重温单元开始时提出的问题，并确定哪些问题已经被解决。老师通过提出以下问题来引导学生的总结：模型的多重表征有什么好处？在研究中获取数据的作用是什么？建立系统动态模型的好处是什么？学生们与全班分享他们取得的进步（通过 Google Drive 与老师分享）。	

a. SageModeler 是 Concord Consortium 与美国密歇根州立大学 CREATE for STEM 合作开发的一种知识共享开源在线工具。SageModeler 允许学生构建自己的模型，从模型中生成数据，并使用自己的数据和辅助数据来测试模型并进行修正。使用技术工具构建学习是 PBL 设计原则的重要组成部分。

b. 合作是 PBL 另一个重要的实践形式，旨在让学生采用科学家在解决问题时的工作方式。我们的数据显示，这些合作体验与学生的参与度和创造力的提升程度相关。

c. 这些研究流程有助于引导学生参与讨论，而不仅是复制其他人的成果。通过讨论其他学生的模型，我们发现学生可以吸收更多不同的观点，并将这些观点融入他们自己的模型中。

d. 这些 PBL 体验不仅对学生来说是新的，对教师来说也是新的。这些要点有助于教师确认需要注意的表现预期和科学实践。

库克先生的教学计划：最后部分

课程时间	学习表现	项目式学习的元素	教学材料
第十天、第十一天	学生将使用模型和研究中获取的数据作为证据，交流与解释力、运动、速度（随时间变化）与车辆安全之间的关系。	**子问题**：力、运动与车辆安全之间的关系是什么？ **连接**：学生在单元的最后两天创建一个最终作品，试图将之前的课程与他们设计的安全装置和驱动性问题联系起来。 **安全指南**：教师应该督导学生正确使用笔记本电脑。 **评估或作品**：学生将创建一个作品（演示文稿、海报等），以完成他们在日常课程和安全设备上的演示。[a]	● 笔记本电脑 ● 水彩笔/海报（可选）
课时计划		**介绍** 1. 热身：本单元中你最喜欢的一节课是什么？为什么？你在本单元学到了什么？它与我们已经学过的知识有什么关系？教师将在课堂开始时，要求学生通过分享他们对热身问题的回答来反思他们在整个单元中的学习。 2. 教师将检查最终单元作品的期望值。学生将使用演示文稿、Prezi、海报板或其他形式来进行展示。学生将两人一组出席。学生还将在展示过程中介绍并解释他们的最终设计解决方案。以下问题应交给学生，作为他们陈述的一部分予以回答。 第1课：汽车碰撞时会发生什么，为什么？或者，是什么让汽车碰撞如此具有破坏性？或者，是什么让一次碰撞比另一次碰撞更具破坏性？汽车碰撞涉及哪些因素？什么是模型？学生们将分享视频中的问题/观察结果，以及他们最初的模型。 第2课：在碰撞过程中，力是如何影响汽车的？学生们将回顾第一次研究，并分享他们的数据和涉及的变量。 第3课：我们如何使用模型来解释碰撞的不同组成部分之间的关系？学生们将分享他们的图表、研究数据和基于实验创建的模型。学生们还将讨论建模在科学中的作用。 第4课：在投掷水气球时，如何最大限度地减小对水气球的作用力？或者，在汽车碰撞过程中，抛水气球与安全有什么关系？学生将回顾课堂活动，并讨论冲量的概念及其与水气球捕捉和车辆碰撞的关系。学生们还将分享他们在这项活动中的模型。 第5—6课：如何建构基于网络的碰撞研究模型？学生将讨论建模的重要性、基于网络的模型在科学中的使用，并分享/解释他们使用 SageModeler 创建的模型。 **学生活动** 3. 学生们将把大部分时间花在准备展示用的演示文稿和作品上。 **课堂总结** 4. 教师将填写有关演示文稿的问题，并检查学生的准备情况，确保每个人都准备好第二天在课堂上演示。	

续表

课程时间	学习表现	项目式学习的元素	教学材料
课时计划	5. 学生们应该提出一个观点，使用证据，并用他们的推理能力来解释为什么他们的新设计在碰撞中更安全。[b] **第二天** **介绍** 1. 热身：今天有什么好问题可以问演示者？作为一名尊重他人的观众，或作为一个熟练的演示者，有哪些事情需要注意？[c] 2. 本环节将通过按顺序演示的方式进行。首先，一半的小组分别在教室周围的某个位置准备好演示文稿，剩下的学生为观众。学生将在每个演示者那里花3~5分钟听演示，提出问题，并提供反馈。听完一个演示后，将移动到下一组继续听演示，直到观众看完每个小组的演示。然后进行演示的组和作为观众的组调换并重复该过程。 **学生活动** 3. 学生将参与演示的全过程，进行演示、分享他们的作品，并作为观众、认真聆听其他人的演示。学生将提交他们的作品以及作为观众填写的反馈表。		

a. 学生们建造一辆汽车并向全班展示，解释为什么他们的设计会使汽车在碰撞中更安全。期望学生在回答驱动性问题时，能联系他们在整个单元中学到的知识。他们的回答还应反映他们对 NGSS 表现预期的达成情况。

b. 本节课旨在强调学生在建构模型和计划调查时应采取的具体科学实践，观察、收集、分析和解释数据，并获取证据以形成观点。该框架使生成解释的过程对学生来说更易于掌握。

c. 获取、评估和交流信息是一项关键的科学和工程实践。因此，学生不仅需要向全班清楚地解释和传达他们的设计解决方案，还需要批判性地评估其他学生提供的信息。

注释

1. 库克老师代表几位参与开发和制定物理单元的教师。库克老师的描述由德博拉·皮克-布朗（Deborah Peek-Brown）创作，他是我们的首席课程开发者。皮克-布朗致力于物理和化学单元，并对课堂活动进行观察和录像。本章包含的学生照片来自一个物理课程的力与运动单元的录像。

2. 见格雷厄姆（Graham）等的《潜入》（*Dive in*），麦克尼尔（McNeill）、卡什-辛格（Katsh-Singer）和佩尔蒂埃（Pelletier）的《评价科学实践》（*Assessing Science Practices*）。另一个更早的科学教师实践指南强调以探究为基础的科学，可以查阅卢埃林（Llewellyn）的《高中科学教学》（*Teaching High School Science*）。

3. 见 NRC 的《实施新一代科学教育标准指南》（*Guide to Implementing the Next*

Generation Science Standards）。同时参见乔皮亚克（Chopyak）和拜比（Bybee）的《新一代科学教育标准的实施和教学材料》（*Instructional Materials and Implementation of Next Generation Science Standards*）。

4. 关于力与运动典型物理单元的描述来自教师反思，教师反思发生在我们关于物理学牛顿第二定律（力等于质量乘以加速度）等典型问题的教学方式的研究中。

5. 传统方式描述最初是用来帮助学生解决教材中常见考点的问题。我们认为PBL可以帮助学生解决问题，因为PBL确定了一个与现实生活经验相关的现象，学生通过科学和工程实践学会了解释，在解决类似的和其他类型的常见教科书问题时可以应用。虽然我们没有测试这一观点的普适性，在我们的工作中随着时间的推移测量学生的学业成绩，在美国和芬兰，我们发现相比于更传统的科学教学，学生在PBL活动中学业成绩得到了显著提升。（详见第4章）

6. 在第2章和第3章详细描述的课堂中，我们获得了教师和学生的许可，可以将视频拍摄的图片用于我们的研究和本书。课堂中的图片是从几周的视频中提取的，展示了PBL课堂中发生的部分学习进阶。这个过程使教师和学生的叙述得以"实时"记录。可以转录的具有清晰可见的教师和学生声音的视频库是有限的。库克先生和埃利亚斯的教师/学生课堂案例最符合这些标准。

7. 驱动性问题板是PBL单元的一个可视化组织工具。活动总结板是一个补充工具，可以与驱动性问题板结合使用，帮助学生组织他们的角色和活动，关于驱动性问题板和活动总结板的更多信息见图伊图（Touitou）等的活动总结板（*Activities Summary Board*）。

8. 在这里，我们需要说明将此活动在单元中的第四天和第五天进行。但此活动也可能发生在第四天和第五天之后，这取决于教师完成不同活动所需的时间。这里的基本思想是展示单元的开始、中间和结束。

9. SageModeler是一个在线工具，允许学生在整个单元学习中创建和修改他们的模型。学生在开始学习一个单元时，常常对如何解释一个现象有一些想法，但是他们往往存在迷思概念或只理解部分潜在的关系。随着单元学习的推进，学生获得更多的信息，他们会更新他们的模型以更好地反映现象的发生。请看一个学生在物理课堂上调查力和运动后创建的最终模型的例子（https://concord.org/our-work/research-projects/building models/）。另见别利克（Bielik），达梅林（Damelin）和科瑞柴科的《为什么渔民需要森林？》（*Why Do Fishermen Need Forests?*）；达梅林（Damelin）等的《学生制作系统模型》（Students Making System Models）；克拉格（Klager），切斯特（Chester）和图伊图的《学生的社会与情感体验》（Social and Emotional Experiences of Students）。

10. 我们选择"富有想象力"这个词是经过深思熟虑的，因为它是我们在 ESM 测量中使用的测量指标之一。我们询问学生在特定的 PBL 科学体验中和在更多的传统科学课中感受到的想象力如何，参见克拉格（Klager），施奈德（Schneider）和萨尔梅拉-阿罗（Salmela-Aro）的《增强科学中的想象和问题解决》（Enhancing Imagination and Problem-Solving in Science）。

11. 林南萨里（Linnansaari）等的《芬兰学生在科学课上的参与》（Finnish Students' Engagement in Science Lessons）。

12. 乌帕迪亚（Upadyaya）等的《关联》（Associations）。

3. 芬兰课堂中的科学项目式学习
——以物理课堂为例

伊莱亚斯老师在赫尔辛基市区担任高中物理教师已经五年了。[1]他喜欢并重视教学，与学校内、大学和周边地区中学里的其他科学教师有着密切合作。在本学期开始时，他便期待着本学期的物理课，并渴望教授一个关于力与运动的PBL单元。一年前，他在芬兰参加了美国团队的专业学习活动，并到美国进行了国际交流。在观察美国的课堂时，他心想："这节课和我的物理课太相似了，如果能制订我们自己的PBL教学计划，那会很有趣。"回到芬兰后，他与几位同事进行了研讨，不久便召集了来自三所不同学校的四名教师和一名大学研究人员，来共同为芬兰的中学设计一个创新的PBL物理教学单元。经过去年一学期的努力，他们策略性地建立起既符合芬兰核心课程改革的要求又符合PBL设计原则的教学单元。[2]

讨论后，芬兰的老师们决定优先鼓励学生合作、参与建模和制作项目作品，而这些活动一般来说只会偶尔在他们的课堂上发生。关于力与运动单元，研究小组决定引入实验来解释速度的变化：首先是不同物体的坠落实验，然后是物体在气垫导轨上的碰撞试验。研究小组决定，教师将在演示完两个不同质量的咖啡滤纸从手中掉下的实验后，鼓励学生自己提出科学问题。但最重要的是，为了与PBL的设计原则保持一致，教学模块将包括规划探究方案、提出基于证据的主张和交流探究结果等活动。

伊莱亚斯又一次查看了教学计划，以确保他准备好了当天课堂教学所需的一切。由于略带焦虑，他仍然不能完全确定如何鼓励学生提问——特别是因为他习惯于在课堂上做关于课堂主题的简短讲解，并由他而不是他的学生提出问题。此前，他曾试图引导学生主导提问，但进展并不顺利——不过那并不是在PBL单元中进行的。通过反思，他意识到先前的设计理念没有按计划得到落实的若干原因，于是这一轮尝试在对应的方面与之前有很大不同，要求一体化地设计学生的自主提问过程、对学生的关注点和活动设计之间保持一致，以及对学生的表现进行评估（包括开发计算机程序）。尽管他知道这些新做法会让他走出舒适区，给自己带来挑战，但他已经准备好致力于学习并使用 PBL 框架，该框架会引导学生针对现象提出有目的、有意义的问题。

在这一章中，我们描述了伊莱亚斯两节时长均为 90 分钟的物理课，这两节课是芬兰团队设计的力与运动的 PBL 单元。与美国高中生不同的是，芬兰高中生在入学时就已经熟悉基本的牛顿力学。他们在初中时就学习了匀速运动和加速度等概念，初中课程的其他主题还包括作用在物体上的力与速度或加速度的变化之间的关系。到了高中，学生已经开始接触重力、摩擦力、支持力和空气阻力等力。与美国中学生不同，每个芬兰高中生都被要求上物理课，熟悉两种基本的运动模型——匀速运动和匀加速运动，并学会使用图形和方程式表达。[3] 新的芬兰核心课程的课程目标与美国 NGSS 的表现期望十分相似。[4] 事实上，NGSS 对科学研究的重视程度与芬兰核心课程一致，芬兰核心课程强调了探究和科学实践的重要性——芬兰教育工作者和利益相关者认为科学实践是 21 世纪人才应具备的关键技能。[5] 国际学生评估项目（PISA）对学生在科学课上使用的科学实践的调研结果显示：与其他 OECD 国家的学生相比，芬兰学生在提问和计划调查上花的时间更少，而且他们很少使用证据来得出结论。[6] 芬兰学生在用数学方程式解决教科书上的问题时，和美国学生一样，他们通常在不理解方程式的情况下解决问题。[7] 这些评估促使芬兰启动了一项旨在彻底改革小学和初中教育实践的国家项目。[8]

芬兰教师之所以愿意尝试设计和实施 PBL 教学单元，很大程度上是因为他们认为自己是终身专业学习者并且有兴趣开发更多以学生和探究为主导的课程，而不是教师主导的课程，这是芬兰新的国家指导方针中明确提出的导向。[9] 第 5 章和第 6 章将更全面地描述芬兰教师在教学实践中的定位，本部分的重点是两国科学教学方法上的互补性。PBL 描述了一种学习策略：引导学生识别一个现象，然后找出它出现的原因，明确其中的关键点是什么、哪些变量描述了现象的本质、如何表征该现象（包括但不限于使用其标准方程）、如何利用该现象去评估变量之间的关系。该策略强调探究和研究，这在芬兰高中新课程中至关重要。了解需要解决的问题及其对学生生活的意义，不仅对科学教育，对整个芬兰教育系统也是至关重要的。[10] 科学教育改革被视为发展解决方案和教学创新的渠道，也是未来芬兰研究人员和教师的重要职责。[11]

重要的是，芬兰不是直接采纳项目提供的 PBL 原则，而是在其科学学习环境中对 PBL 原则进行了适当调整。芬兰和美国之间存在文化差异，这反映在他们的课程结构中。本书所述的芬兰对 PBL 的解释，与芬兰科学教育的目标是一致的。在研究后续课例时，我们需要注意到在芬兰执行的 PBL 设计要素与美国的不同。

与美国教师一样，芬兰教师也参加了专业学习活动。在几次跨国交流中，教师们还见到了 PBL 专家，其中包括几位来自美国的物理和化学首席教师。此外，美国和芬兰的教师还进行了多次视频交流。但芬兰教师最主要的专业学习是在芬兰进行的，芬兰的科学教育工作者、研究人员等与芬兰教师一起合作设计了 PBL 单元、日常课时教学计划和评估实践。在评估方面，芬兰的学生遵循着与美国不同的测试制度。最终，芬兰教师发现 PBL 的形成性评价和构建的项目作品与他们的评价实践相一致。

在伊莱亚斯的力与运动的 PBL 单元中，教师让学生寻找当两个力作用在一个物体上时运动变化的原因（因果），然后解释为什么会发生变化。在美国的课程大纲中，任务的学习目标被确定为表现期望，所有的任务都与贯穿整个单元的驱动性问题联系在一起。而对于芬兰的教学单元，驱动性问题是"为什么不同物体从相同的高度落下需要不同的时间？"我们对芬兰特有的术语进行了注解。课程的视频、图片和文字等都来自伊莱亚斯的课堂。

伊莱亚斯的力与运动单元：让我们开始吧！

伊莱亚斯从介绍主题开始了他的课程："本周我们将关注不同类型的运动及其背后的原因。我们将设计并讨论实验，最后根据你在此项目中学到的知识创建一个作品（一个基于项目的学习活动）。为了理解驱动性问题并提出相关的研究问题，让我们从一个演示开始。我有两组咖啡滤纸。第一组有 1 张滤纸，第二组有 2 张粘在一起的滤纸。让我们仔细观察，当我让这两组咖啡滤纸同时下落会发生什么？"

伊莱亚斯让两组滤纸同时下落，较重的一组滤纸率先撞到地面。他问，"我们观察到了什么？"珍娜回答说："2张滤纸粘在一起时掉得更快。"伊莱亚斯继续演示，现在他右手有4张粘在一起的滤纸，左手有2张粘在一起的滤纸，此时他右手物体的质量是他左手物体的两倍。他同时松手后，再次问学生们："发生了什么？"学生们无法区分这两个物体的下落时间。接下来，他右手拿着8张粘在一起的滤纸，左手拿着4张粘在一起的滤纸，进行实验。依此类推。最后，他用32张滤纸和16张滤纸进行了实验。在最后的两次实验中，学生们意识到滤纸掉下来的时间差异没有第一次实验时那么大，尽管一个掉下来的物体仍然是另一个的两倍重。学生们都很惊讶。他们想知道为什么虽然第二个物体的质量总是第一个物体的两倍，但这些物体的下落时间变得越来越接近，这与学生们的预期不符。

这次演示实验促使学生们思考并变得好奇——这是研究力与运动的绝佳起点。驱动性问题变得更容易理解并能支持学生思考，帮助他们为课程的下一阶段提出相关的研究问题。学生们被要求写下与自由落体运动相关的问题，以及与自由落体运动的原因相关的问题。学生们开始通过共同分析和讨论来解决这些问题。

伊莱亚斯总结了这些实验："这是本周PBL单元的引导课。稍后，我们将开始研究我们所观察到的现象。我们必须先把它分解，并根据你的问题，一部分一部分地研究它。这并不是一个简单的现象，其中涉及很多问题。当我们回答驱动性问题时，你应该在头脑中联想到这个现象。"伊莱亚斯要求学生提出与物体下落相关的问题，这将支持他们回答驱动性问题。学生们在小组中提出一系列问题。小组活动结束后，全班同学聚集在一起，分享他们的一些问题。在讨论过程中，问题被分为两种：与运动相关的问题和与运动变化相关的问题。

伊莱亚斯继续上课，并展示了一段火箭离开地球的视频片段。他解释说，这个现象涉及的问题与驱动性问题相似，并要求学生们将火箭现象与被扔向天空的球进行比较。学生们被要求自主提出与运动有关的问题，比如"速度是常数吗？""运动是如何变化或保持不变的？""如果运动变化了，速度将如何改变？"

针对学生们的问题，伊莱亚斯说："现在请根据你们的问题设计实验。这是我们的设备。你可以自由使用基于微型计算机的实验室（microcomputer-based laboratory，MBL）工具——例如，超声波传感器可能很有用。"学生们开始根据自己的问题来设计探究方案。研究的重点是为下落物体的运动建模。当学生们在讨论和计划时，伊莱亚斯在教室里四处走动。他通过提出一些问题来帮助学生将注意力集中在相关话题上："当电梯上升时，你有什么感觉？"或者"当它刚刚开始上升时，你有什么感觉？当它开始下降时，你的感觉如何？请想想你身体内的感觉——发生了什么——为什么？"

这种提问可以帮助学生置身现象之中，并认识到合外力和运动变化之间的联系。在进行测量后，学生们会花很长时间进行协商、建模和交流。他们创建的模型代表了两种不同类型的运动（匀速运动和匀加速运动），并包含了对速度变化的初步解释。学生们还根据以下问题讨论了这个模型是否真的能够解释这一现象以及可能遗漏的要素。例如，你的模型中是否存在一些不属于因果关系的要素？

时间或其他变量是否改变了对现象的解释（例如，一个落体可能只在开始的短时间内以恒定的加速度运动）？

当学生进行建模时，他们必须用更多次的测试来验证他们的测量值，这一过程会使模型更加准确。认识到需要更多数据来得出更好的循证（基于证据的）结论后，学生们将物体从更高的高度抛下，记录物体碰撞的时间。发掘他们得到的数据之间的规律将有助于他们更清楚地阐明自己关于这一现象的主张。

伊莱亚斯在课堂上说："我们的驱动性问题'为什么不同物体从相同的高度落下需要不同的时间？'已经部分解决了。"学生们已经认识到，重的物体在整个下落过程中都在加速，而轻的物体只在很短的下落距离内加速。但造成这种差异的原因尚不完全清楚。

伊莱亚斯的力与运动单元：下一步

在下一节课中，学生们将把他们的模型应用到更复杂的情况中。在之前的 PBL 单元中，学生们已经建构了模型来解释不同质量物体之间的运动情况差异。在第 4 课时和第 5 课时中，学生们将试图丰富他们的模型来描述多个物体在相互施加力时的相互作用。

伊莱亚斯告诉学生们，到目前为止，他们已经分析了几种不同的运动：匀速运动、匀加速运动，以及速度不是以线性方式变化的运动。"今天，我们将更详细地了解运动变化背后的原因。为什么物体会改变运动状态？为什么它会开始运动或停止？我们今天会使用一辆重的、一辆轻的小车。"伊莱亚斯展示了所有的实验器材。他说他将在演示中使用学生们已经熟悉的 MBL 工具。"我们将像之前一样测量物体运动的时间和速度。我们需要志愿者来完成实验。"作为志愿者的学生们同时把重的和轻的小车推到一起，这样他们就会碰撞和反弹——这个过程他们会重复几次。MBL 工具通过测量小车的速度并将这些点绘制在图表上，显示出重车在碰撞后返回的速度比轻车更慢。

伊莱亚斯告诉学生们："现在我们分小组来模拟这种现象。请拿起白板，开始分析图表。"学生们已经知道如何分析现象，所以他们开始在小组中合作，讨论这个现象，并在他们的白板上绘图（构建一个认知性项目作品）。伊莱亚斯在教室里走来走去，为学生们的合作提供支持。他没有直接给出答案，而是问了一些引导性问题，如"你的论据是什么？""你的数据是什么？"或者"你的证据/主张是什么？"。

在建模活动之后，伊莱亚斯开始组织全体学生讨论："为什么重车和轻车的速度图看起来不一样？请解释你的答案。"学生们解释重车的速度图看起来不同的原因。伊莱亚斯继续进行实验，并表示他现在将使用之前实验中建构的模型。他介绍了气垫导轨和滑块，并在这两个滑块上添加了排斥磁铁。两个学生推着滑块，让它们相撞。在碰撞前后测量滑块的速度。"让我们以小组为单位看一看图表，请建立一个描述速度变化原因的模型。"伊莱亚斯引导学生识别运动发生变化的情境以及为什么会发生变化。在每一种情境中，他都会问一些问题，如"这个运动怎么了？"或者"是什么导致了这种变化？"。

这些实验的目的是让学生认识到，受力物体与施力物体同时存在，作用力与反作用力同时存在。通过碰撞现象引入力的概念，学生的任务是分析当两个物体相互作用时会发生什么。在碰撞试验中，学生们需要清楚地说明发生碰撞的两个物体都作用于另一个物体，而且两个力大小相等且方向相反。教师要引导学生解释为什么质量较大的物体在碰撞中加速度较小。

"让我们测试一下这些模型是如何解释我们周围的现象的。"伊莱亚斯首先做了一系列简单的演示,并问了几个问题。最后,在合作小组中,学生们开始解决伊莱亚斯通过演示引入的问题。在课程结束时,他带领大家讨论可能的解决方案。"请你对以下问题提出假设:如果在气垫导轨上有两个滑块,滑块之间有一个弹簧,我把两个滑块紧紧地贴在一起。当我放开滑块会发生什么?"学生们提出假设,并就他们认为会发生的事情提出论据。伊莱亚斯完成实验并评论:"两个滑块都受到了相同的作用力。在相互作用后,较重滑块的速度是较轻滑块的一半。让我们继续分析接下来我演示的不同情况吧。"

接下来,本课将继续分析不同的运动及其原因。伊莱亚斯展示了一段来自太空中心的视频剪辑,其中一名宇航员在太空中做了各种各样的演示。学生们分组讨论。

有趣的是,库克和伊莱亚斯都对 PBL 的启动感到焦虑——事实上,我们发现所有的老师都是这样的。然而,一旦他们进入课堂,他们就会完全投入其中并且乐于让学生在科学学习中扮演更重要的角色。关于库克和伊莱亚斯,还有一点需要指出:他们都是男性教师,在本研究的背景下,需要对此进行解释。首先是样本的代表性问题,这个问题在美国比在芬兰更严重,在美国,男教师的人数持续超过女教师,尤其是在物理学科。[12] 幸运的是,在我们的样本中,两个国家都

有很多化学和物理学科的男、女教师。事实上，在芬兰，物理教师和化学教师中女教师比男教师多。

美国和芬兰两国都很关注提高并保持女性对科学的兴趣，我们也对培养在多领域具有多方面潜力的科学家感兴趣。在我们的研究中，女性教师虽然在PBL单元开始时的参与度比男性教师低，但在单元结束时她们的参与度增幅却比男性高。然而，男性教师的平均参与度仍然高于女性。男性与女性的兴趣增长模式也不同，男性教师的兴趣增长更快。在研究的开始，女性教师认为科学的重要程度与她们的自我意识之间的联系程度略高于男性。但男性教师在研究期间的联系程度的增幅更大，以至于男性教师在单元结束时二者的联系程度超过了女性。同样的模式发生在感知科学未来的价值上：男性的兴趣最初低于女性，但增长得更快，最终超越了女性（在这个问题上男性和女性的区别不如前者那么大）。[13]我们继续在所有的分析中考虑这些性别差异，它们是PBL单元设计及其评估的主要考虑因素。

芬兰项目式教学实施的效果

与美国一样，在芬兰测试PBL单元对学生科学学习、社会和情感体验的影响时，关键是要了解教师是否以与PBL原则一致的方式教授这些单元。为了衡量芬兰项目式教学实施的效果，我们收集了来自课堂观察、选定的课堂视频和ESM调查的数据。分析两国数据后发现，学生在情境中，特别是在建构模型时深度参与了PBL。第2章和第3章只分别详细介绍了一个物理单元，但我们发现所有PBL单元对学生参与科学总体上都有积极的影响。[14]尽管教师和学生在开始时常常犹豫不决，但他们很快就会发现PBL极具吸引力。此外，通过初步评估发现PBL单元提高了学生的科学学习水平。[15]

与芬兰学生相比，美国学习物理的学生人数占比较小，物理课程通常是美国高中的最后一门科学课程，在物理课堂上取得高水平成绩的美国学生所占比例仅略高于三分之一。[16]我们对ESM的观察和分析表明，在所有的班级中，所有性别、种族的学生在PBL中的合作参与度惊人的相似，这是PBL的好处之一。在参与式的合作团队中，"每个人都参与其中，共同承担责任"以及"跳出固有思维"的文化理念被高度重视。虽然芬兰和美国班级的学生看起来很相似，但班级之间仍然存在着文化差异。这在教师的培训期望中最为明显，我们将在第 5 章中详细介绍。

芬兰的教师在他们的专业领域是受人尊敬的专家，而且在课堂管理和组织方面存在的问题没有美国那么明显。在某些方面，芬兰教师在这项研究中的表现不同寻常，因为他们不仅愿意尝试一种不同的教学方法，而且愿意尝试彻底重新定位他们的教学。对于芬兰教师来说，PBL 确实具有挑战性，因为他们习惯了花费大量的时间给学生讲课并向他们提问（就像许多美国的科学教师一样）。芬兰教师付出了巨大的努力，不仅因为采用了不同的教学方法，还因为与他们的美国同行进行了双语工作和交流。教学计划等材料最初都是用英语准备的，然后被翻译成芬兰语。此外，一旦从芬兰的教学录像中捕捉到有意义的片段，所有相关的测试及结果就会被翻译回英语。

从芬兰获得的经验表明，PBL 的设计原则与芬兰教师的思维模式之间产生了共鸣，他们有兴趣改变他们的实践。芬兰教师对许多 PBL 概念及其实施的兴趣和意愿表明，提高教师"将教学实践转变为更以问题为导向并以参与式协作为基础"的能力不仅不是纸上谈兵，而且也有可能在不同国家实现。我们在这里看到的是一种改革的可能性：在这些初步成果的基础上，应该可以帮助这种变革性的方法在美国和芬兰的更多课堂上推广。

伊莱亚斯的教学计划：项目的开始

单元驱动性问题[a]

为什么不同物体从相同的高度落下需要不同的时间？

基于芬兰核心课程框架的学生表现期望[b]

- 分析下落物体的运动数据，识别物体是匀速运动还是变速运动。
- 介绍匀速运动和匀加速运动的模型。

● 分析数据来支持牛顿第二定律所描述的宏观物体所受的合外力、质量和加速度之间的关系。

● 应用科学和工程思想来设计、评估和完善一个实验设计,该设计可以用于模拟匀速运动和匀变速运动,并帮助学生认识宏观物体所受的合外力、质量和加速度之间的关系。

课程时间	学习表现[c]	项目式学习的元素	教学材料
第一天、第二天	学生将提出关于不同质量的物体下落的问题。	了问题:当两个物体从同一高度落下时会发生什么?第一个物体是1张滤纸,第二个物体是2张粘在一起的滤纸。 连接[d]:本课介绍了驱动性问题,并通过演示、观看视频和对坠落物体的探索,让学生参与到对坠落现象的思考中。驱动性问题将在本单元的课程中重新讨论。根据不同物体的自由落体的运动建立初始模型。 评价或作品: 学生将创建: ● 描述匀速运动和匀加速运动的图形模型。 ● 用初始模型解释作用在下落物体上的合外力和物体的运动。	● 咖啡滤纸 ● MBL 工具 ● 用于观看视频的投影仪 ● 学习管理系统(每组学生在里面都有空间,供学生写下问题,绘制图形或创建模型。)
课时计划		教师笔记 这周我们将重点关注不同类型的物体运动和这些运动背后的原因。我们将从一个关于运动的分类练习开始,然后演示咖啡滤纸自由下落的实验。 驱动性问题的介绍 1. 开始将学校建筑内外的不同运动分成一组。让学生举例说明自己和他人的大、小肢动作。这些运动可以多种方式分类:直线运动－曲线运动、匀速运动－变速运动、直线运动－简谐运动(vibrations)、线性－圆周运动,教师要求学生给出物体不同速度变化情况的例子[e],并鼓励他们举出不同质量物体的例子。例如,什么改变了速度?物体的质量如何影响速度的变化?先小组讨论,然后全班讨论。 2. 继续进行演示,以支持学生理解驱动性问题并提出相关问题。引入自由落体的物体(咖啡滤纸),第一个物体是1张滤纸,第二个物体是2张粘在一起的滤纸。第二个物体的质量是第一个物体质量的两倍。问当两个物体同时下落时会发生什么时,用以下数量的咖啡滤纸继续示范:2个和4个;4个和8个;8个和16个;16个和32个。让学生总结演示的结果。下一个阶段将基于这个结果继续提出问题。 3. 在小组中,让学生提出他们需要什么额外的信息来回答驱动性问题。学生使用学习管理系统生成问题列表[f]。学生们会问一些与落体运动有关的问题,以及落体运动变化的原因。引导学生对问题进行分类。要求学生将问题复制到学习管理系统的公共空间。	

续表

课程时间	学习表现[c]	项目式学习的元素	教学材料
课时计划	4. 学生们会一起分享他们的一些问题。学习管理系统将创建一个包含若干类别问题的列表（基于学生的问题和他们在小组中提出的类别）。 5. 教师会强调，在整个单元中，学生都会周期性地回到这些问题上。首先，他们将分析物体的运动和物体在运动中的变化。在接下来的课堂上，他们将解释为什么运动会改变或不会改变。 **教学活动** 1. 教师播放了一段火箭离开地球的视频片段[g]。教师解释说，这种现象也属于班级要分析的话题。教师引导学生把这个现象比作将一个球扔向空中。 2. 教师指导学生根据他们提出的问题设计实验。学生选择与不同类型的运动相关的问题。关于运动或速度变化的原因的问题将在后面进行分析。教师介绍了可用的设备，如基于微型计算机的实验室（MBL）工具。[h] 在活动过程中创建的模型将解释两种不同类型的运动（匀速运动和匀加速运动）。学生也将讨论他们的模型的有效性。 有几种可能的表示方式可以用于模型：时间–速度、速度–加速度的图表；代数表示或方程表示，如 $s = vt$ 或 $v = at$；书面描述等。 在学生进行建模活动时，教师通过让学生提供模型背后的证据、讨论模型、向学生提出问题来帮助学生：[i] ● 你的模型是什么？ ● 模型的表示方式是什么？你能用另一种形式表示吗？ ● 你的研究问题是什么？ ● 为了找到问题的答案，你的实验设计是什么？ ● 你的数据是什么？你的证据是什么？ ● 你的观点是什么？你的证据支持你的观点吗？ ● 这个模型是如何基于你的数据构建的？ 教师引导学生讨论模型的一般特征： ● 什么是科学模型？为什么要使用模型？为什么模型很重要？ ● 什么是表示方式？为什么需要和使用不同的表示方式？ ● 你的表格/图片/绘画是一个模型吗？为什么？ ● 你如何修改它，使其成为一个更好的模型？ ● 是什么让模型有效？ **课堂总结** 本节课将回顾单元驱动性问题，以及对学生问题的认识。学生们分享他们与落体运动相关的模型，并提出以下问题背后可能的原因：为什么运动（速度）会改变？ 学生们展示了常见的运动模型。[j]在一个模型中，下落物体以恒定加速度下落（速度均匀增加）。合外力取决于重力的大小。第二个模型描述了当速度恒定时物体的下落。重力等于空气阻力。第一种运动可以在重物体开始坠落时认识别出来。第二种运动可以在轻物体坠落的最后被识别出来。第一种运动的模型是匀加速运动（$a =$ 常数），第二种运动的模型是匀速运动（$v =$ 常数）。第一种运动在速度—时间图中的图形表示是一条直线，第二种运动在路程—时间图中的图形表示是一条直线。此外，咖啡滤纸在下落开始之后和匀速前的运动是变速运动。		

续表

课程时间	学习表现[c]	项目式学习的元素	教学材料
课时计划	还应将力纳入模型，它描述了运动变化背后的原因。在某种程度上，力的概念已经为学生所熟悉。在作用于物体上的合外力为零的情况下，空气阻力等于物体的重力，运动状态不改变（即速度是恒定的）。在重力大于空气阻力的情况下，物体下落的速度在增加。这些模型可以使用相应的形式来表征。		

a. 伊莱亚斯现在的课堂与他原有的教学方式相比，主要区别是他现在以一个驱动性问题开始，并在整个单元中不断使用它。

b. 新的芬兰核心课程框架描述了一套学习目标，其中包括融合了大概念的科学实践，而不是内容标准的列表。

c. 学习表现是模块目标的细化，指的是学生在对应的课程时间内的主要任务。它有助于回答驱动性问题和掌握模块目标。

d. 在美国的例子中，我们使用的是汽车碰撞，但是在芬兰，学生几乎不会开车，所以我们选择了落体现象作为考虑合外力的情境。这里的重点是，学生们被要求解释一个现象——在这个例子中，现象是不同物体落体时加速度的差异——学生虽然不理解现象产生的原因，但他们在生活中遇到过这样的现象。

e. 在第一个实验中，两个物体到达地面的时间有明显的差异：较重的物体下落得更快。然而，在最后一个实验中，尽管一个物体的质量是另一个物体的两倍，但观察到它们到达地面的时间是一样的。这有助于提出更多关于这一现象的问题，供学生研究。这是一个很好的起点，让学生们去研究更复杂的问题和设计他们自己的实验。

f. 学习管理系统通常用于芬兰的科学课程，所有学生群体都有一个空间，用于提出问题、收集图形和绘制模型。在这个空间里，也有引导学生提问的提示，比如"关于这个话题你已经知道了什么？""你想通过调查了解什么？""你在调查过程中了解到了什么？"。这些提示对于引导学生关注驱动性问题和创建模型非常有用。

g. 学生将在看到另一个关于力和运动的现象后重新审视他们的问题。这个视频被用来激发提出他们之前没有想到的问题和解释（在只看到咖啡滤纸的演示之后）。

h. MBL 工具是电子传感器，如超声波运动检测器或加速计，学生可以使用它们来收集用双手难以直接收集的数据。这使得他们能够研究额外的变量——PBL 的关键组成部分之一。

i. 这是芬兰教师向学生提出的问题和任务的很好的示例。在芬兰，当学生们进行实验时，老师们经常在教室里走来走去。对学生的实践提问是芬兰科学教师培训项目中强调的一种评价方式。

j. 这种解释类似于芬兰教师在课堂上得到的解释。如本例所示，学生可以画出咖啡滤纸下落时的速度与时间或加速度与时间的关系图，以便更好地理解物体的质量和空气阻力如何影响其运动。咖啡滤纸的演示实验是一个很好的"锚定现象"，因为它引导学生提出了问题，并为学生提供了一个利用数据进行研究的机会。

伊莱亚斯的教学计划：项目的中间阶段

课程时间	学习表现	项目式学习的元素	教学材料
第四天、第五天	学生将创建一个模型来解释力是如何从两个物体之间的相互作用中产生的，以及这些力是如何作用于物体并改变运动的。该模型将解释物体质量对其运动变化的影响。	**子问题：**力是如何作用于物体以影响物体速度（加速度）的变化的？当物体被推时，物体的质量如何影响速度（加速度）的变化？作用在物体上的力来自哪里？ **连接：**学生协作建构他们的模型。 **评价或作品：**学生们建构模型来描述物体在受力时的运动。	● 重的和轻的小车 ● 重的和轻的气垫导轨滑块 ● MBL的工具（接口和超声波传感器） ● 气垫导轨和两个滑块（第二个滑块的质量是第一个滑块的质量的两倍）
课时计划	\multicolumn{3}{l}{**介绍** 这节课从提到驱动性问题开始。学生将分析在两种情况下测量的速度数据：（1）当推动一个重的和轻的物体时速度的变化；（2）重的物体和轻的物体碰撞时速度的变化。学生将两两合作，创建一个模型，解释实验中的变量如何相互作用。 **教学活动** 1. 学生们推重的和轻的物体，用MBL工具测量速度的变化。学生建立一个模型，解释物体质量对速度变化的影响，然后一起分享和讨论他们的模型。 2. 通过对气垫导轨上的两个滑块的碰撞分析，探讨了"力"的概念。第二个滑块的质量是第一个滑块的质量的两倍。这个实验从一个关于碰撞的讨论开始，这个讨论基于几个视频片段展开。在开展支持学生学习的演示和讨论时，应强调以下几点： ● 在碰撞中，两个物体相互作用，产生两个力。每个物体都作用于另一个物体：力大小相等但方向相反。这两种力称为作用力和反作用力。 ● 质量越大的物体加速度越小。 ● 在一个物体质量很大的情况下，如墙或地球，运动的变化只能在质量较小物体的运动中才能被识别出来。因为虽然力的大小相同，但是质量大的物体加速度非常小。 **课堂总结**[a] 这节课会回顾学生在本单元开始时产生的问题，并探讨哪些问题已经被解决了，接着还将重温本节课应有的学习表现。老师问道："对一个模型或来自多个调查的数据进行多重表征有什么好处？"还有，"基于网络的模型有什么好处？"学生们在网上互相分享他们的进步，以及他们在课堂上取得的成绩。}

a. 对描述运动的模型的相关问题进行了分析，但对运动变化的原因的相关问题尚未回答。它们出现在本单元的后面。

注 释

1. 我们在这一章中使用法尔克（Falck）先生的名字，因为这是芬兰教育系统的习惯。
2. 芬兰高中基础力学课程框架强调学习模型，呈现匀速运动和匀变速运动。它还强调当两个物体相互作用时产生两个力：第一个物体作用于第二个物体，第二个物体作用于第一个物体。在相互作用中，质量大的物体加速度小，质量小的物体加速度大。课程介绍了场力（重力、磁力）和接触力（如摩擦力、支持力、空气阻力）。
3. 如果一个州采用或甚至调整了美国《新一代科学课程标准》，那么这些州的美国学生也将被要求发展对这些理念的理解。
4. 参见 NGSS 牵头州的《新一代科学课程标准》。同样可参见芬兰教育和文化部（FMEC）颁布的《未来的高中》（*Tulevaisuuden lukio*）和芬兰国家教育委员会（FNBE）颁布的《国家基础教育核心课程》（*National Core Curriculum for Basic Education*）。
5. 杜蒙（Dumont）、艾斯坦斯（Istance）和贝纳维德斯（Benavides）的《学习的本质》（*The Nature of Learning*）。
6. 这些发现发表在 OECD 的《PISA 2015 结果》（*PISA 2015 Results*）的第一卷《教育的卓越与公平》（*Excellence and Equity in Education*）。
7. 参见拉沃宁（Lavonen）和拉克索宁（Laaksonen）的《芬兰学校科学教与学的背景》（*Context of Teaching and Learning School Science in Finland*）。
8. 芬兰教育和文化部原部长基乌鲁（Kiuru）说道。
9. 芬兰国家教育委员会（FNBE）颁布的《国家基础教育核心课程》（*National Core Curriculum for Basic Education*）、《国家高中教育核心课程》（*National Core Curriculum for Upper Secondary Education*）和芬兰教育和文化部（FMEC）颁布的《未来的高中》（*Tulevaisuuden lukio*）。
10. 拉沃宁（Lavonen）的《芬兰教师专业教育》（*Educating Professional Teachers in Finland*）。
11. 阿克塞拉（Aksela）、奥伊科宁（Oikkonen）和哈洛宁（Halonen）的《协作科学教育》（*Collaborative Science Education*）。
12. 拉什顿（Rushton）等的《走向高质量的高中劳动力》（*Towards a High Quality High School Workforce*）。

13. 参见施奈德（Schneider）、陈（Chen）和克拉格（Klager）的《性别平等与家长资源分配》（Gender Equity and the Allocation of Parent Resources）。
14. 这些结果显示了两国学生在一年内的整体参与度。
15. 图伊图（Touitou）和科瑞柴科（Krajcik）的《通过基于项目式学习开发和测量最佳学习环境》（Developing and Measuring Optimal Learning Environments through Project-Based Learning）。
16. 耶廷（Hietin）的《五分之二的高中不开设物理课程》（2 in 5 High Schools Don't Offer Physics）。

第二部分

测量学生在项目式学习中的参与度、社会和情感学习体验

4. 科学项目式学习如何影响学生的情绪和学业成就

为什么在一些国家，一升水的价格比一罐苏打水的价格还要高？在我们所知的太阳系外，是否还有其他行星可以支持人类生存？有数百万个诸如此类的科学问题可以激发青少年的兴趣。当那些人们认为有意义和具有挑战性的问题被提出时，每个人（包括教师、学生和家长）都会对科学问题更感兴趣，并希望更多地了解科学。[1]但是，在许多课堂上并没有提出那些可以激发学生兴趣的有意义的问题。最近一项针对美国科学家的调查发现，84%的科学家认为，美国的K-12 STEM教育基本没有将科学学习与学生的兴趣联系起来，也没有具体描绘科学对学生未来生活的重要性。[2]鼓励学生学习科学需要有一个环境来激发学生提出有意义的问题、解决具有挑战性的问题和获得新技能的兴趣。我们第一阶段的研究结果表明，芬兰和美国的学生在积极参与科学体验时，更有可能提高他们的想象力和解决问题的能力。

PBL原则特别适合推进科学学习，因为它们是围绕着有目的、有意义的问题组织的。尽管"提出问题和质疑"被广泛认为是提高科学兴趣的促进因素，也是促进学业成就提升、社会和情感等体验性学习的催化剂，但是很少有研究检验这些观点在高中科学学习环境中的适用性。

然而，美国国家研究理事会的报告、美国《新一代科学教育标准》（NGSS）和芬兰核心课程，都是基于这样的假设：通过确定表现期望（在芬兰称为"能力/素养"），并规定应该如何教授，学生和教师对科学的兴趣以及他们处理科学问题的方式都可以得到实质性的改变。[3]我们整个项目是要了解：通过一个基于PBL原则、旨在促进科学学习的系统，是否能够改变高中生的科学学习。为此，我们一直在评估科学PBL如何影响学生的社会、情感和学业成就。

情感的情境性

美国国家报告及相关学者强调，科学学习普遍存在的问题是学生在科学课上的参与度很低。这是为什么呢？学校里的大部分生活是丰富多彩的，虽然学生日常在相似的课堂中上课，但他们的社会性和情感性经历各不相同。我们不能期望学生能一直全身心地投入到他们的学校学习中，就像我们并不期望成年人在家里或在工作中能连续几个小时全身心地投入到同一项活动中一样。事实上，有些人可能会说，与成人相比，神经系统发育正处于早期阶段的青少年会更难被激励和全身心地参加活动。[4] 激励青少年有意义地参与活动的门槛很高。有些课堂活动可能会吸引学生的关注，让他们喜欢参与这些活动；而有些活动就不那么吸引人了，并且很可能会让他们感到更加无聊和厌烦，比如从白板上抄写问题解决方案等任务。

尽管研究人员一致认为，参与是一种随时间变化的体验，但许多研究只对学生日常学习环境中发生的事情给予了有限的关注。[5] 为了获得学生的参与体验和其他主观感受的测量数据，研究者们往常会采用调查的方式对这些情况进行回顾性测评。然而，这种方法往往既不能捕捉到学生在某个阶段的感受变化，也不能同时捕捉到这种变化所处的环境。我们认识到捕捉到"参与"并明确其发生时间的难点在于：无法确定学生在什么时候真正参与、在做什么时感到成功。我们认为，科学学习中的参与是情境性的：不是所有的经历都会对学生的社会性、情感性和学业学习产生同样的影响。

此外，我们确定了学习情境的一组特定构成要件，这些构成要件对于提高学生在特定情境下的参与度至关重要。首先是激发学生的兴趣：例如，提出一个与学生生活相关的问题或现象——例如，我们如何才能建造一辆更安全的汽车？其次，为了解决这个问题，要使学生相信他们具备设计解决方案所需的能力。最后，无论学生的能力水平如何，找到一个合理的解决方案仍然应该是具有挑战性的。虽然平衡学生的能力水平和任务的挑战性并不容易，但这对于提升学生的参与度却十分关键。

然而，参与度不仅取决于学生对兴趣、技能和挑战的主观感受，还取决于这些感受如何在特定情境下发挥作用。此外，还可以专门设计一些情境来增强这些主观感受。[6] 我们称这样的强化情境为最佳学习时刻（OLMs）。当学生充分参与到这些 OLMs 中时，他们更有可能对学习产生积极的感受，获得新的知识，发挥他们的想象力，并提高他们解决问题的能力。

为了识别 OLMs，我们使用了 ESM，这是一种时间日记的记录形式，ESM 使我们能够精确地测量学生在特定活动中的感受以及他们当时正在做的事情，进而识别课堂内外的情境参与时刻。ESM 是著名的社会心理学家米哈里·契克森米哈赖（Mihaly Csikszentmihalyi）设计的，设计目的是为他的"心流（flow）"理论提供证据（当一个人投入一项任务中，或者说当一个人处于最佳表现状态时，他会感觉到时间飞逝）。[7] 在我们的经验中，这些时刻是指学生深深地沉浸在一项活动中，以至于他们不顾时间地持续工作——例如，学生在下课铃响后继续工作，而不是冲出教室。这些感受现在可以通过智能手机技术获得并记录，该技术会在一天中随机提示学生回答一系列学业、社会和情感方面的问题。

因为我们想捕捉这些时刻并将其情境化，所以 ESM 比其他一次性的社会性和情感性学习的调查更有优势。我们不是依靠一个只测量一次的量表，而是捕捉青少年在特定情境下的思想和情感的细微变化，包括在学校内外。例如，能够记录学生在科学课上做实验时的思想和情感变化。

ESM 已被用于各种关于青少年的研究中，包括那些描述行为或试图解释学生在不同情况下体验的研究。[8] 例如，李·舒莫（Lee Shumow）、詹妮弗·施密特（Jennifer Schmidt）和哈亚尔·卡克尔（Hayal Kackar）研究了青少年在做家庭作业时的认知、情感和动机状态，并发现情境因素——如学生和谁在一起、做家庭作业是否是他们的主要活动——将影响学生的自尊心和学习成绩。[9] ESM 中收集的关于即时体验和情境体验的数据也可以帮助教师评估学生在特定活动中的感觉。通过近乎即时的反馈，教师可以了解学生认为哪些任务情境对他们来说太有挑战性或不太重要，并进行相应的调整。

项目中的智能手机被设定为在研究期间可以随时提示学生回答问题——通常是在几天的时间里——以捕捉学生的各种经历。当学生收到信号时，他们在手机上回答一系列简短的问题，这个过程通常只需要几分钟。[10] 然后，这些信息被上传到一个安全的服务器；在几天之内，就可以进行数据分析。我们可以用图表提供教学和课堂体验的即时反馈，帮助教师确定能提高学生参与度、想象力和解决问题能力的特定活动。

即时评估社会性和情感性学习

具体而言，我们用 ESM 来测量什么？如前所述，OLMs 模型的核心是我们所认为的参与的关键构成要件，即一个人的兴趣、技能和挑战都高于其平均水平的时刻。（从社会心理学的角度来看，"兴趣"是对特定活动、主题或对象的心理倾向；"技能"是对一系列特定任务的掌握；而"挑战"是对困难的、有点不可预测的行动过程的渴望。）当学生全身心投入时，我们希望看到学生集中精力，感觉任务在自己的掌控之中，并且学生报告说他们感觉时间过得很快。为了测试学生在参与时其他情绪的强度及相互关系，我们还询问了学生关于兴奋、自豪、合作、竞争和孤独的相关感受或体验。

当全身心地投入一项学习任务中时，学生通常会经历三种相关主观体验中的部分或全部。第一种体验我们称为"学习促进因素"，这种积极情绪的激活发生在学生享受他们正在做的事情，在他们正在做的事情上取得成功，并且感到快乐、自信和活跃的时候。第二种体验为"阻碍"，是学生在真正参与时不太可能有的体验，如无聊或困惑。第三种主观体验包括我们所说的"学习催化剂"，发生在学生感到焦虑或压力轻微增加时。

为了了解学生对手头任务的重视程度，我们使用了契克森米哈赖的描述，即任务对于一个人的未来目标/计划以及对于一个人不辜负自己和他人期望的重要性。[11] 最后，由于我们对学生参与的持久性特别感兴趣，我们构建了一个持久性——或者说"毅力"——的衡量标准，我们调查了学生对完成任务的决心以及他们想放弃的程度。[12]

我们还有一系列描述学生所处情境的背景测查：地点和时间，他们在做什么，他们在学什么，以及他们和谁在一起。接下来是一组简短的动机问题，我们会询问学生他们做这个活动是因为他们想做还是不得不做，以及他们认为这项活动更像是工作还是游戏——换句话说，更像是苦差事还是他们期待并认为有价值的活动。[13]

我们的目标是将学生在科学实践中的主观感受和经历实时联系起来。这将使我们能够从学生那里了解到他们认为哪些实践最吸引人，哪些实践他们认为最成功。我们选择了与 NGSS 中阐述的科学实践相对应的科学活动，包括建构模型、设计研究方案和使用证据进行论证。

为了研究 PBL 经历是否真的能提高学生的创造力、问题解决能力和探索不同观点的能力，我们使用了来自一项国际研究的一组现有问题，这些问题与潜在创新行为的评价有关。这些问题是在问学生，在某一特定科目中，他们何时使用了想象力，何时解决了有多个可能方案的问题，何时探索了对某一问题或主题的不同观点，以及何时与其他学科建立联系。[14]

我们假设，使用教学策略可以创造出培养 OLMs 的环境，而这可以通过 PBL 设计原则框架来实现——设计有指导原则但非脚本的教学计划，这样教师就可以根据他们特定的文化背景来调整教学策略。其他类型的教学活动可能会对学生的表现产生类似的影响：例如，在基于探究的学习中，学生们相互合作，并产生一系列实物作品。在 2000 年出版的一本书中，约瑟夫·波尔曼（Joseph Polman）深入描述了他的学生在高中课堂上"做中学"的情况。[15] 他们的学习单元在某些方面与我们的学习单元相似，他的学生积极地提出问题，相互合作，并利用各种科学实践制作实物作品。波尔曼的方法与我们的方法的不同之处在于，我们的 PBL 教学有一个更正式的结构，主要是围绕三维学习和 NGSS 的表现期望设计的。我们期望这种结构能够为学生的预期学习结果提供一套明确的范围，并为教师提供更多的指导，也许更重要的是，我们以学习效果为目标的教学设计方法将在未来实现大规模应用。

在设计方面，从 2015 年秋季到 2018 年春季，我们的国际团队在芬兰赫尔辛基的高中以及美国中西部某一州的城市、郊区和农村地区的高中进行了一系列研究。迄今为止，我们收到了来自芬兰和美国 1700 名学生的回复，其中包括近 5 万份关于他们日常生活情境的 ESM 回复。[16] 除了 ESM，我们还收集了（来自芬兰和美国密歇根州的）学生和教师的背景调查信息、教师的 ESM 回复、教师和学生的访谈，以及来自多间教室的观察和录像。

我们的研究结果

以下将简要介绍我们的工作成果。有几个发现有助于我们认识参与的瞬时性以及如何有针对性地采取干预措施来提高学生的参与度。例如，我们的研究表明，当学生积极参加特定的活动时，学生的参与度就会很高，这些活动往往能扩展一个人的知识获取，如提出问题、设计研究方案和建构模型。在这些活动中，学生若长期受到鼓励和支持，他们的参与度会达到饱和点，并且可能会产生一些负面影响。这些研究中的每一项内容都是由其首席研究员确定的，由高级研究员、博士后研究员和研究生组成的国际团队主要在分析和解释结果方面发挥了关键作用。

关于OLMs构成要件及其影响因素的调查/测查研究

我们关于OLMs构成要件及其影响因素的相关研究，第一组研究是由芭芭拉·施奈德（Barbara Schneider）教授领导的，研究人员使用了实时情况下的参与度测查。研究表明，学生的兴趣水平有所提高，但正如预测的那样，这时学生从事的活动需要超出他们的能力范围（尽管这可能会使学生的压力轻微增加）。[17] 目前，OLMs在中学科学课上出现的频率相对较低——在美国约占课堂时间的12%，仅略高于芬兰。贾斯蒂娜·斯派塞（Justina Spicer）研究员及其团队的研究表明，除了一些个人层面的愿望，当学生处于OLMs时，学生在科学课上的积极情绪几乎没有差异。在美国和芬兰，那些有志于在未来从事科学工作的学生比那些报告说未来没有志向从事科学工作的学生更有可能参与科学课。但是考虑到这些差异相对较小，这两个国家的学生报告说他们在科学课上参与的时间都很少。[18]

高级研究员卡特娅·乌帕迪亚（Katja Upadyaya）最近进行了瞬时体验的差异和对个人的意义价值差异的比较，探寻了瞬时体验的差异在多大程度上归因于活动对个人的意义价值。她发现，体验时刻之间的差异与活动对个人的意义价值的差异几乎相同。[19] 这意味着无论学术因素或其他因素是在阻碍还是促进学生的动机和课堂参与度，在课堂上都有很多机会来改变学生的学习经历，从而使学生能够做出更积极的反应。乌帕迪亚的研究表明，学习促进因素（即感觉到积极、自信、快乐、成功和喜悦）与学生对自己正在做的事情感兴趣、感觉该活动对自己很重要以及感觉它没有高成本呈正相关；相比之下，当学生感到困惑、无聊，或感到焦虑和有压力时，他们更可能认为该活动成本高，或感觉非常困难。如果学生遇到的问题是非常具有挑战性的，他们很可能会感到不舒服。这就像催化剂一样，过多的挑战会阻碍学生参与。[20] 例如，如果学生在不具备成功完成任务所需的前提知识或技能的情况下被要求去承担一项任务，即使他们对这项任务感兴趣，也可能会不想参与。

OLMs 中参与的部分似乎对女性和男性有相似的平均影响。然而，有两项研究显示，男性和女性在所学内容以及对能力和压力的感受方面存在差异。研究助理詹娜·林南萨里（Janna Linnansaari）[现名因基宁（Inkinen）]在我们最早在芬兰进行的一项研究中发现，女性自述，她们在生命科学课程中感觉比男性更熟练，但在物理等科学课程中的熟练度感觉低于平均水平。这一发现对男性来说正好相反。[21] 在这些研究结果的基础上，包括美国和芬兰的学生在内，研究助理胡利亚·默勒（Julia Moeller）研究了"学习催化剂"（压力和焦虑）。她发现，在科学课上，女性往往在焦虑的状态下承受更多的压力，并且更有可能体现出对学校的倦怠感（与学校有关的慢性疲劳、对学业漠不关心，以及作为学生的失望和不自信的特定感觉）。[22] 尽管女性在科学课上有可能获得比男性更高的学业成就，但她们为此付出了主观的代价——她们更有可能感到压力，特别是在美国。

卡塔里娜·萨尔梅拉-阿罗（Katariina Salmela-Aro）教授的团队进行了两项较新的研究，他们使用情境数据和其他一次性的测量方法调查了美国和芬兰样本的参与度和倦怠情况。[23] 萨尔梅拉-阿罗开发了一种工具，现在被广泛用于测量职业倦怠对学生和教师的影响，并且她认为职业倦怠的影响应该在特定的教育背景下进行研究。[24] 她发现一些学生同时经历了高度的参与感和疲惫感——这是个大问题，特别是她发现经常感受高度的参与感和疲惫感的学生很可能在日后出现倦怠和抑郁症的症状。她的结论是，鼓励所有学生都高度参与会使他们筋疲力尽，特别是如果需要长期保持这种参与度的话。这里给我们的主要启示是，在短时间内鼓励学生参与是有帮助的，但学生需要时间来重新组织和恢复。要实现和保持学生的高度参与，不仅需要有趣和具有挑战性的指导，而且还需要认识到学生的这种参与水平如果长期持续就会减弱。

坚毅性、放弃和挑战

萨尔梅拉-阿罗关于科学课中"坚毅性"与挑战之间关系的研究进一步阐述了科学教育背景下的"坚持"和"倦怠"。从本质上讲，萨尔梅拉-阿罗和她的团队感兴趣的是学生在更具挑战性的情况下是否想"放弃"，以及在这些时候坚毅性是否可以起到缓冲作用，从而激励学生坚持完成手头的任务。[25] "坚毅性"被安杰拉·达克沃思（Angela Duckworth）及其同事定义为"特质层面的毅力和对长期目标的热情"，包含了一个人保持兴趣、付出努力和长期坚持完成任务的能力。[26]达克沃思和她的同事最初在人格理论中对坚毅性进行了概念化，并将其描述为一种特质——类似于责任心或自我控制——特别是与目标方面的长期耐力有关。虽然坚毅性通常被认为是一种特质，但我们感兴趣的是它在美国和芬兰的学生身上是如何随情境发生变化的。

坚毅性在芬兰尤其受到关注。"坚毅性"一词经常与芬兰语"sisu"联系在一起，"sisu"可以翻译为"克服逆境的决心"，在芬兰人民的认知中，这是他们民族的特征标志之一。萨尔梅拉－阿罗的研究是为了更透彻地了解不同文化背景下年轻人的动力和毅力的本质，了解情境化的毅力与挑战的关系，以及如何增强毅力。她认为，获得对"毅力"更清晰的语境理解的一种方式是将其与特定情境下的挑战联系起来。学习环境中的挑战可以看作是学生在参与不同学习任务时所产生的情绪或心理成本。然而，这些情绪为学生提供了提高他们能力的机会，不仅可以帮助他们超越他们以前所掌握的知识，还可以指导他们的行为，以掌握新的学习目标。

萨尔梅拉－阿罗基于我们2016—2017年从芬兰和美国获得的样本数据，重点研究了以下题目："你有多大的毅力（决心）来完成你正在做的任务？""你觉得你正在做的事情有挑战性吗？""你想放弃吗？"。在芬兰，我们从9位不同教师所教的9个班级的173名学生那里收集了8378份ESM答卷。在美国，我们从14位不同教师所教的15个班级的244名学生那里收集了8273份ESM答卷。结果显示，美国和芬兰学生在不同情境下对毅力和放弃的感受比他们对挑战的感受更加稳定。在毅力和放弃方面，只有一半的差异是在学生层面上的，这意味着这两种感受并不是完全稳定的学生特质，更重要的是受环境因素的影响。研究结果还表明，美国的学生样本在不同情况下对挑战的感受比芬兰的学生样本更加稳定。

总体来说，随着课堂活动挑战性的增加，学生的放弃倾向也会增加。但当课堂活动更具挑战性时，学生也表现出更强的毅力。具体到子群体中，毅力较强的学生坚持完成极具挑战性任务的可能性要高出15%，而毅力较弱的学生在类似情况下放弃的可能性更大。美国和芬兰学生的结果相似，但美国学生随着挑战难度的增加，放弃的可能性较小。

特别令人感兴趣的是，我们发现毅力（或决心）在特定情境下与学生所经历的挑战水平有关。这表明，"毅力"可能部分取决于情境，并且可以通过手头的体验活动来塑造。

毅力、放弃和挑战之间的关系

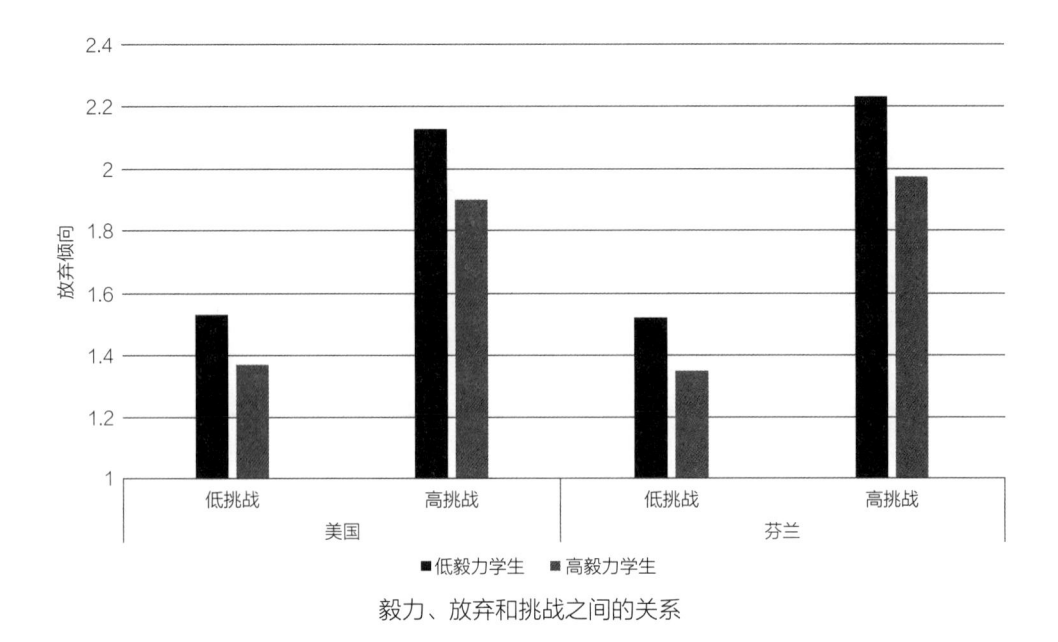

学生在科学课中的参与

教师如何才能提高学生在课堂上的参与度？研究生詹娜·因基宁（Janna Inkinen）和克里斯托弗·克拉格（Christopher Klager）研究了学生在科学课上参与的科学活动类型，他们发现芬兰的学生报告说他们花了39%的时间听老师讲课，这是所有活动中用时最多的，而花在使用计算机、测试、做实验和展示上的时间最少。[27] 在美国，学生也报告说花在听老师讲课上的时间最多（24%），而在展示、测试、使用计算机和计算上花费的时间最少。

两国学生之间的主要区别是，芬兰学生更多的是倾听，而美国学生在倾听和讨论之间更平衡一些。学生们报告说，在他们的科学课堂上学生只有一小部分时间是深入地投入情境中的，并且当学生投入地参与时，他们的讨论水平高于做其他没那么投入的活动。在这两个国家，学生在听老师或其他学生讲话时，不太可能参与其中（这些发现与美国早期对高中生的研究结果相似）。[28]

综上所述，这些研究表明，学生的参与度随情境变化，与最佳学习时刻相关的情绪也是如此。它们也因性别和具体的活动类型而异。"挑战"这一概念比最初设想得更复杂，因为它在"毅力"中起着更核心的作用，这表明决心和毅力与挑战难度相关，或者像萨尔梅拉–阿罗设想的那样，毅力是一种"成本风险"，并与压力和焦虑相关。我们团队所做工作中的社会心理学结果表明，如果要衡量参与度，参与应该发生在情境中，但它对个人层面的长期影响还不太清楚。但是，从这些研究中可以明显看出，改变学习环境可以影响学生的参与度和创造力。

学生在 PBL 中的参与度

为了评估 PBL 对学生创造力的影响，我们采用了单案例设计。这种方法被称为反转设计或 ABAB 设计，它通过重复复制某一效果，将每个教室作为自己的实验对照。[29] 换句话说，在基线（A）阶段，当教师进行传统教学时，我们期望看到学生的创造力水平比实验（B）阶段低。通过展示基线阶段和实验阶段之间创造力水平的预期变化，以及在课堂上复制这种模式，我们能够对干预的效果做出推断。在四个阶段中的每个阶段，我们都通过智能手机向学生发送了 ESM 调查问卷。通过这种方法，我们能够比较每个学生在参与传统教学和参与 PBL 两种情况下的感受差异。

学生在 PBL 中的社会性和情感性学习

研究生克拉格分析了学生在传统课堂体验中的"高挑战"体验和 PBL 中的"高挑战"体验之间的关系。[30] 克拉格发现，在传统的课堂体验中，高挑战的体验与焦虑、压力、放弃和困惑的感觉有关——这些结果与我们的研究人员在研究挑战和其他情绪状态之间的关系时发现的平均效果一致。然而，当学生参与 PBL 活动时，学生体验到的最高水平的挑战主要与考虑不同的观点、发挥想象力，以及感觉任务对自己和自己的未来很重要有关。这里的信息是，PBL 强调"弄清现象"，让学生使用证据进行论证，参与科学实践，并制作实物作品来展示他们不断发展的理解，PBL 似乎正在改变学生解决具有挑战性、陌生但有意义问题时的社会和情感动态。

教师的 PBL 教学、问题解决和想象力

这部分分析也是由克拉格主导的，他们调查了美国中学化学和中学物理教师的项目式干预情况，在纵轴上计算了教师在变量"探索对一个问题或话题的不同观点"上的平均得分。

其他分析还显示，在 PBL 授课期间，在美国和芬兰的化学和物理课堂上，学生们报告说他们更多地使用了科学实践，包括建构科学模型和实施研究，以及

更多地运用想象力并通过多种方式解决问题。在美国的样本中，最初的 PBL 实施阶段效果不太明显，但在第二个 PBL 实施阶段，我们发现学生运用想象力并通过多种方式解决问题的能力有很大提高。这些结果表明，学生和他们的老师可能已经越来越熟悉新的教学方法。

最近，克拉格对两年来结果相同但学生和教师样本不同的实验数据进行了分析。[31] 他发现，PBL 的效果不仅是显著的，而且这些效果的幅度随着 PBL 实施时间的延续不断增加。这些结果带给我们极大的希望，因为它们让我们有机会来评估 PBL 效果的可靠性。[32]

最后，我们向教师询问了参与研究的学生的期末成绩，以及学生的日常成绩。关于学生的日常成绩，我们发现在大多数时间里都没有什么变化，大多数学生的成绩都反映出了他们对课堂活动的参与程度。只有那些开始时成绩低于班级平均水平的学生的期末成绩有变化（大约四分之一的科学学生获得了 A 的成绩，而排名靠后的四分之一学生往往获得低于 C 的平均成绩，很少有不及格或 D 的成绩）。我们认识到，成绩不是衡量学业表现的明确标准，这就是为什么我们要借助学生的作品以及单元测试（以及未来的总结性的国家级测试）来对学生进行评价。尽管如此，我们很高兴地发现，经历过更多 OLMs 的学生在学期结束时

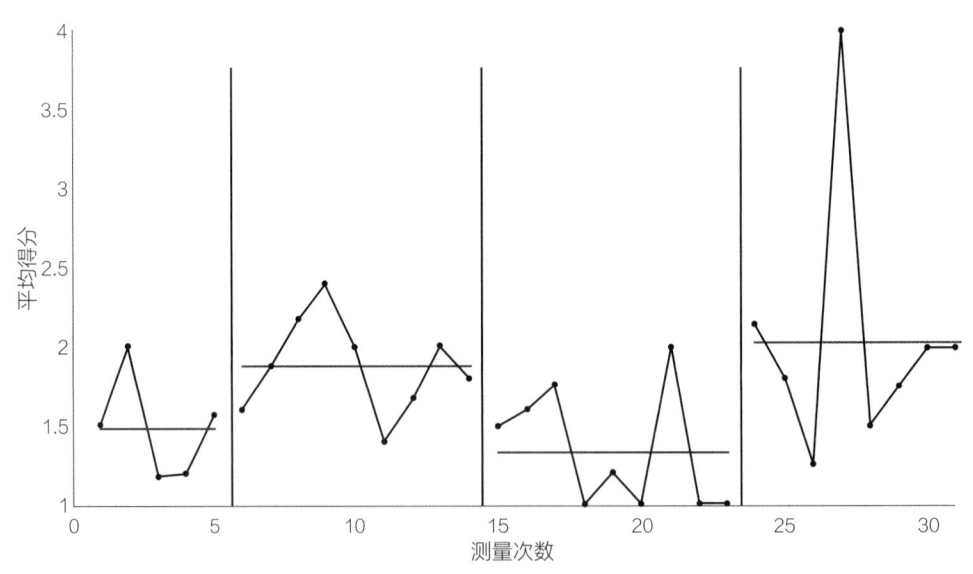

一个教室的所有学生都在同一时间对 ESM 调查进行作答。纵轴显示的是所有学生对于"探索对一个问题或话题的不同观点"这一问题的平均得分（以 1～4 分计算）。横轴是测量次数。

的成绩更好。我们并不是说这些测试结果本身足以显示学生科学学习成绩的提高，但通过越来越多的社会性和情感性学习效果的验证，我们更加确信我们早期的研究成果。[33]

我们的结果对科学学习的意义

几十年来，为了满足美国的国家安全需求和巩固全球经济竞争力，美国的政策制定者一直呼吁改变学生的科学教育方式。其他国家也发布了类似的报告，宣称有必要对科学教育进行改革，以促进发明创造、环境保护，增进人类福祉。美国国家科学基金会（National Science Foundation）最近发布了一份报告，提出了培养STEM"创新者"的建议，其中特别关注那些传统上在科学职业中代表性不足的群体。该报告认为，创造力和创新不仅是刺激创业活动的关键，也是解决气候变化等全球问题的必要条件。该报告提出了一些建议，包括为学生提供机会参与真实世界的动手实践活动，以及与科学家和工程师交流互动。[34]

为学生提供这些类型的机会并不新鲜，但实际的科学教学仍然落后于这些建议，教师很少关注让学生参与科学实践。科学和工程是创造性的工作，需要人们解释现象并提出解决问题的方案。然而，传统的科学教学往往侧重于没有科学实践背景的学习内容，为学生提供的活动几乎没有让学生发挥创造性的空间。NGSS强调了将科学实践融入教学，但仅有这些标准并不能确保教师拥有在科学课堂上促进学生提高创造性思维和创新能力的工具。我们对PBL的探索虽然处于研究的早期阶段，但对前景充满希望与信心。

当教师考虑到技能、挑战和兴趣的水平时，学生的参与水平就会提高，并伴随着其他积极的社会性和情感性感受的提升，以及无聊和困惑等感觉的下降。我们已经了解到，参与度、创造力和问题解决等概念是基于特定情境的，并且在与个人层面的特征对比时几乎具有相同的差异；换句话说，即使一个人对科学不感兴趣或表现不佳，精心设计的情境也能改变他们的偏好/选择/倾向。PBL似乎为学习的"环境因素"方面增加了相当大的力量，特别是在想象力、问题解决和考虑不同观点方面。

PBL不仅显示出对学生的社会性、情感性和学术性体验能够产生积极影响；它似乎也改变了教师反思科学教学的方式。正如其他人所说的那样，这有助于教师挑战、重新考虑和评估自己的教学技术和学生学习的概念。[35] 教师这种类型的自我反思，反过来，往往会使他们的课堂上发生更多的合作体验和科学实践。

注释

1. 见美国国家科学、工程和医学院（National Academies of Sciences, Engineering, and Medicine）的《人是如何学习的Ⅱ》（*How People Learn II*）。

2. 关于科学兴趣调查的信息，见皮尤研究中心（Pew Research Center）正在进行的工作（http://www.pewinternet.org/2015/01/29），特别是芬克（Funk）和雷尼（Rainie）的《公众和科学工作者对科学和社会的看法》（*Public and Scientists' Views on Science and Society*）。

3. 美国国家研究理事会（NRC）的《K–12科学教育框架》（*A Framework for K-12 Science Education*）；NGSS牵头州的《新一代科学教育标准》（*Next Generation Science Standards*）；芬兰国家教育委员会（FNBE）的《国家基础教育核心课程》；芬兰国家教育委员会（FNBE）的《国家高中教育核心课程》。我们特别关注学生的体验如何因性别而异，因为女性通常不太可能学习高级科学课程或进入并坚持从事特定类型的STEM职业，见佩雷斯-费尔克纳（Perez-Felkner）等的《女性和男性青少年的主观取向》（*Female and Male Adolescents' Subjective Orientations*），施奈德（Schneider）等的《STEM专业的性别差距是否因领域和机构的选择性而变化？》（*Does the Gender Gap in STEM Majors Vary by Field and Institutional Selectivity?*）。

4. 见伊莫尔迪诺-杨（Immordino-Yang）的《情感、学习和大脑》（*Emotions, Learning, and the Brain*）。

5. 见弗雷德里克斯（Fredricks）和麦克尔斯基（McColskey）的《学生参与的测量》（*The Measurement of Student Engagement*）；林恩布林克-加西亚（Linnenbrink-Garcia）、帕特尔（Patall）和佩克伦（Pekrun）的《教育中的适应性动机和情感》

（Adaptive Motivation and Emotion in Education）；图奥米宁－索尼（Tuominen-Soni）和萨尔梅拉-阿罗（Salmela-Aro）的《学校工作的参与和倦怠》（Schoolwork Engagement and Burnout），以及因基宁（Inkinen）等的《科学课堂活动》（Science Classroom Activities）。

6. 见施奈德（Schneider）等的《调查最佳学习时刻》（Investigating Optimal Learning Moments）。另见萨尔梅拉－阿罗（Salmela-Aro）等的《整合学生参与的优势与弊端》（Integrating the Light and Dark Sides of Student Engagement）。

7. 见契克森米哈赖（Csikszentmihalyi）的《心流》（*Flow*）。

8. 见契克森米哈赖（Csikszentmihalyi）和施奈德（Schneider）的《成为成年人》（*Becoming Adult*）；施密特（Schmidt）、罗森堡（Rosenberg）和贝默（Beymer）的《情境中的人》（Person-in-Context Approach）；施奈德（Schneider）和史蒂文森（Stevenson）的《雄心勃勃的一代》（*The Ambitious Generation*）；以及切诺夫（Shernoff）等的《学生参与》（Student Engagement）。

9. 舒莫（Shumow）、施密特（Schmidt）和卡克尔（Kacker）的《青少年做家庭作业的经验》（Adolescents' Experience Doing Homework）。

10. 关于ESM调查问卷的问题清单，详见附录C。

11. 见契克森米哈赖（Csikszentmihalyi）的《心流》（*Flow*）。

12. 见达克沃思（Duckworth）的《勇气》（Grit）。

13. 见杜威（Dewey）的《学校与社会》（*School and Society*）。

14. 见OECD的《PISA 2015结果》（*PISA 2015 Results*）的第一卷《教育的卓越和公平》（*Excellence and Equity in Education*）；也见卢卡斯（Lucas）、克拉克斯顿（Claxton）和斯潘塞（Spencer）的《学生在学校的创造力进阶》（Progression in Student Creativity in School）。他们的定义并没有将创造力认定为一种特质，而是将其认定为一种复杂的、多方面的概念；发生在人类生活的许多方面；是可以学习的；可以在个人层面进行分析；受背景和社会因素的影响；并被认定为当今各种学习活动所需要的。

15. 见波尔曼（Polman）的《设计项目式科学》（*Designing Project-Based Science*）。

16. 文中提到的数据使用了在美国和芬兰2015—2018年收集的数据。包括我们在2013年和2014年的早期试点研究的数据，我们已经从1700多名学生那里收集了近五万份回复。然而，本节所报告的研究，使用的是2015—2016年和

2016—2017 年的分析样本。不同的研究有不同的样本量，这取决于研究报告的撰写时间和提交发表时的数据情况。读者可以参考个别研究，了解分析中包括哪些年份、国家、学生和答复的更多细节。

17．施奈德（Schneider）等的《调查最佳学习时刻》（Investigating Optimal Learning Moments）。

18．更多结果可以在斯派塞（Spicer）等的《学生参与科学活动的概念化和测量》（Conceptualization and Measurement of Student Engagement in Science）中找到。

19．乌帕迪亚（Upadyaya）等的《关联》（Associations）。

20．施奈德（Schneider）等的《调查最佳学习时刻》（Investigating Optimal Learning Moments）。

21．林南萨里（Linnansaari）等的《芬兰学生在科学课上的参与》（Finnish Students' Engagement in Science Lessons）。

22．默勒（Moeller）等的《数学和科学课堂上的焦虑是否会损害动机？》（Does Anxiety in Math and Science Classrooms Impair Motivations?）。关于倦怠的进一步定义，见萨尔梅拉－阿罗（Salmela-Aro）等的《学校倦怠调查》（School Burnout Inventory）。

23．见萨尔梅拉－阿罗（Salmela-Aro）等的《整合学生参与的优势与弊端》（Integrating the Light and Dark Sides of Student Engagement）。关于许多这些主题的更多发展方法，见萨尔梅拉－阿罗（Salmela-Aro）等的《互联网使用的弊端》（Dark Side of Internet Use）。

24．萨尔梅拉－阿罗（Salmela-Aro）教授关于职业倦怠的其他引文可以在第 5 章找到。她与桑纳·里德（Sanna Read）的一项研究结合了对参与和倦怠概况的研究；见萨尔梅拉－阿罗和里德（Read）的《研究参与和倦怠概况》（Study Engagement and Burnout Profiles）。

25．萨尔梅拉－阿罗（Salmela-Aro）等的《拥有"Sisu"有帮助吗？》（Does It Help to Have "Sisu"?）。

26．达克沃思（Duckworth）的《勇气》（Grit）。

27．因基宁（Inkinen）等的《科学课堂活动和学生的情境参与》（Science Classroom Activities and Student Situational Engagement）。

28．见切诺夫（Shernoff）、克瑙特（Knauth）和马克里斯（Makris）的《课堂经验的质量》(The Quality of Classroom Experiences)。

29. 霍纳（Horner）和奥多姆（Odom）的《构建单案例研究设计》(Constructing Single-Case Research Designs)；肯尼迪（Kennedy）的《教育研究中的单案例设计》(Single-Case Designs for Educational Research)；克拉托奇维尔（Kratochwill）的《单案例研究》(Single Subject Research)；克拉托奇维尔（Kratochwill）和莱文（Levin）的《引言》(Introduction)。

30. 见克拉格（Klager）等的《基于项目的物理和化学干预中的创造力》(Creativity in a Project-Based Physics and Chemistry Intervention)，克拉格（Klager）和因基宁（Inkinen）的《学生在科学中的社会情感体验》(Socio-emotional Experiences of Students in Science)。

31. 克拉格（Klager）等的《基于项目的物理和化学干预中的创造力》(Creativity in a Project-Based Physics and Chemistry Intervention)；克拉格（Klager）和施奈德（Schneider）的《使用项目式学习增强想象和问题解决》(Enhancing Imagination and Problem-Solving Using Project-Based Learning)。

32. 值得注意的是，我们现阶段的方法还无法假设因果关系。在第二年，我们（1）抽查了不同的学生群体（相同年级且基本信息相似的学生）；（2）抽查了不同的教师（他们也经历了与第一年类似的内容和体验的专业发展）；（3）使用相同的 PBL 单元和科学实践；（4）使用相同的说明和评价工具；（5）进行了同样的分析程序。第二年的研究结束后我们发现结果与第一年的结果相似，而且程度更强。必须认识到，我们迄今为止的工作包括（在美国和芬兰）60多名教师、24所学校和1700多名学生。这个结果很有希望，但正如赫奇斯（Hedges）所提醒的，我们的方法并不保证因果关系：见赫奇斯的《在教育中建立可用的知识的挑战》(Challenges in Building Usable Knowledge in Education)。

33. 见克拉格（Klager）和施奈德（Schneider）的《评估课程干预的策略》(Strategies for Evaluating Curricular Interventions)。

34. 见美国国家科学基金会（NSF）的《为下一代做准备》(Preparing the Next Generation)。

35. 见勒夫特（Luft）和休森（Hewson）的《科学领域教师职业发展计划的研究》(Research on Teacher Professional Development Programs in Science)；拉沃宁（Lavonen）的《高质量科学教育的基石》(Building Blocks for High-Quality Science Education)。

5. 教师对科学项目式学习环境的反思

　　项目式学习是一个漫长的过程，这对我来说是一个学习的过程，非常重要的是教师和学生同时都是学习者。对我和我的同事来说，这是一种新的思维方式……它让我着迷。项目式学习，强调学习，可以使学生的科学学习有活力、有意义。在科学项目式学习中，教师应引导学生了解科学背后是什么，即不仅要吸取现有科学思想的成果，还要理解一部分研究路径。

——阿库（Aku），一位芬兰物理老师

　　PBL是非常新颖的，带着学生共同做项目意味着我们必须彻底完成整个学习范式的改变，而这种改变是我们之前从未想过的。这不仅是做项目——我们以前也做过项目。一开始我不太确定我在做什么，但我知道，如果我让我的学生参与进来，并表达他们的想法，这将对我们所有人都有意义。学生听我讲的时候觉得很有趣，因为这不再是关于我在做什么，而是关于我们在做什么、我和我的学生在一起做什么。它是如此多层次、多维、令人兴奋的学习体验。

——伊莱恩（Elaine），一位美国化学老师

　　科学的教与学的过程是错综复杂的，很难建构出包括所有内容的单一模式。约翰·布兰斯福德（John Bransford）是这一领域的关键人物之一，他指出了哪些教与学的过程会帮助学生创造有意义和可理解的知识。布兰斯福德和他的同事强调通过积极的、反思性的、协作性的、累加性的和情境性的教学来支持和创造有意义知识的重要性。[1]正如他和其他人所指出的，这些过程可以通过鼓励学生参与科学实践活动来实现，如进行观察、收集数据、构建模型和解释结果。[2]

　　在美国和芬兰，我们认为这些方法对科学学习至关重要，但它们不被经常使用；相反，教学往往由教师主导，借助文稿演示软件进行讲解。[3]关于如何改变这种教学模式有很多建议，PBL就是其中之一，因为它强调合作和学生在知识建构中的积极作用。根据我们在研究中对教师进行的深入访谈（其中一些是在他

们单元教学期间和之后进行的），我们在本章中描述了他们是如何将 PBL 纳入课堂的，以及他们觉得 PBL 如何影响了他们的教学。访谈表明，他们不仅注重实践，还注重学生的学习。

为什么要参加 PBL

在前面的章节中，我们解释了美国和芬兰不断变化的社会环境，这些社会环境促使国家对小学、中学和高等学校的科学教学方式进行改革。但正如我们所知，国家政策不容易转化为课堂实践，尤其是在美国这样的大国。在管理课堂实践和促进学生学习方面，美国教师通常认为国家政策建议和命令都是令人发指的或存在问题的。[4] 然而，芬兰并没有经历过这样的脱节，而且国家政策和课堂实践之间也不存在冲突。[5] 因为芬兰的专业教师参与国家教育政策的规划和实施。在芬兰，教师被视为专业人员。而且芬兰民众对教师的信任程度和尊重程度都很高，教师可以在未经检查和测试的情况下自主进行教学实践。"学校—社会—家庭"的伙伴关系也有助于教师的专业发展。这种对教师的尊重在美国政界和地方并没有得到广泛的认同。在相关政策的制定和决策过程中，缺乏教师合作参与的机会。然而，尽管存在这些差异，芬兰和美国的教师不仅愿意学习 PBL（这与两国新的国家科学标准一致），而且认为 PBL 对他们自己的专业学习和学生的科学学习很重要。[6] 为什么？

当我们问及教师进行 PBL 教学实验的动机时，出现了几种主要的想法。[7] 第一种是新的教学模式的需要：这种模式将帮助他们的学生识别和获取证据，以回答当今重要的科学问题。一位美国物理教师菲利普（Phillip）说："我认为教学可以有很大的不同，一个很大的影响因素是有没有直接的指导。在传统的教学模式中，当我站在教室前面，指导学生将做什么和期待发现什么，学生并不能按照步骤完整地跟着我做（我想，其中一部分原因是我自己教学的问题）。相反，我喜欢挑战新的教学理念，这种理念要求以全新的方式实施教学。现在我可以说：'好的，我们是在做一个真正很酷的实验，我们应该怎么理解刚刚做的事，并找出它的含义呢？'"

老师们认识到了一个机会，一个沉浸在设计原则和理论中，并有助于改变他们和学生们的科学学习方式的机会。莱纳（Leena），一位芬兰教师解释道："对我来说，这不仅是一种新方法，更令人兴奋的是，项目中的每件事背后都有一个很好的理论。所有这些背后都有坚实的理论基础，所以整个计划都令人印象深刻。PBL是我以前从未用过的，它与其他教学方式完全不同。这真是太棒了！我总是喜欢尝试新事物，我当老师已经20年了，如果每次都做同样的事情，就会变得很无聊。"

除了PBL的研究基础，教师参与PBL的另一个动机是有机会亲自参与研究。正如芬兰的阿库老师所说，"我喜欢让学生成为研究者，让整个团队（教师和学生）都成为研究者。"PBL为我们提供了一种工具，这种工具让我们专注于回答对科学学习有用的问题。

与芬兰教师相比，美国教师在课堂上参与研究的一个更根本的不同是，他们在参加教学实证研究期间被要求准备归纳研究成果的论文。[8] 美国化学教师伊莱恩强调了科学教师参与研究的必要性和兴趣："我们确实需要一种更加基于研究的方式来教授科学，这是我将研究项目融入科学教学的一种方式。但我最初的想法是，这将非常困难。我该如何同时把科学内容和研究项目结合起来？"

对于教师来说，参与PBL的另一个好处是有机会一起开发和准备聚焦特定目的和真实问题的教学。[9] 老师们很快解释说，当学生们觉得他们在学习真实的东西，而不仅是背诵课本上的定义时，自己的科学教学就变得更有价值了。[10] 关注可视化、现实生活中的问题有助于将科学学习更具体地带入青少年的世界。正如美国的物理老师菲利普所说："学生需要参与到真实世界中的情境和相关的问题中。我认为NGSS、各州共同核心标准（Common Core State Stardards），以及今天在教育领域正在发生的许多事情都发生了巨大的转变，远离了传统的那种教师作为知识的持有者单向传授知识给学生的'烘焙式'教学方式。①"

提供有意义的和可理解的问题也一直是培养创造力的一个主题，这包括使用问题解决技能，接受挑战或风险，并坚持完成任务。[11] 正如第4章的研究结果所

---

① 译者注："烘焙式"教学方式是指传统的、向学生传授知识的教学方式。在这种教学方式中，教师被视为知识的持有者和传递者，而学生被视为被动的接收者。

显示的，从我们的实证工作中得到的最有力的发现之一是，PBL 似乎可以提高学生的想象力、解决问题的技能，以及思考不同观点的能力。

PBL 对教师的挑战

改变是困难的，PBL 不仅为学生提供了一种新的学习方式，也对教师提出了新的教学要求。两国教师不约而同地将 PBL 视为一种挑战，对其存在的问题以及未来发展的不确定性也不加掩饰。两位分别来自芬兰和美国的物理教师表达了类似的看法："在我的课堂上使用 PBL 很有挑战性。我第一次使用 PBL 的时候，我不确定我在课堂上该做什么。我无法控制课堂上的一切。在以往的教学中，我总是能控制一切，包括每一件事情。但在 PBL 中，我不确定我将扮演什么角色，但我认为教学会顺利进行。"［马蒂亚斯（Matias），芬兰物理老师］"是的，这很有挑战性……这是一种完全不同的教学方式。我没有给学生他们可以照搬的信息。那我该怎么做？但这是一件好事……我认为，最困难的就是把教学主动权交给学生，让他们来控制课堂。"（菲利普，美国物理教师）

我们的实证研究结果显示教师在使用新的计算机技术建立模型方面缺乏信心。[12] 许多老师在这类课程中从未使用过这项技术，他们对教学效果表示担忧。在学生的评论中也发现了类似的报告。[13] 正如玛丽（Mary）（一位美国物理老师）所说，"在开始构建模型时我很挣扎，但在单元结束时我开始意识到，建模对我和我的学生的好处。我之前从未使用过这样的模型，这确实对我来说有点难"。玛丽进一步解释道，随着时间的推移，她预计这种有价值的活动将促进学生新技能的发展，并减少师生的焦虑："我认为我的学生这一次并没有特别多的收获，但是我想明年他们将会获益良多。因为我将更加熟悉 PBL 的教学安排，并能够更好地帮助学生。"

驱动性问题的使用

为了积极学习如何在教学中使用 PBL，芬兰和美国教师参与了一系列专业学习活动和国际课堂观摩活动。[14] 专业学习课程中包含了相关理论的介绍，让老师们尝试他们将与学生一起完成的课程，并提供相关单元的阅读材料和教学计划。在芬兰，教师收到了全部单元说明和一些教学计划的翻译本。除了这些面对面的活动，老师们还与我们的 PBL 专家进行了视频交流。也许，PBL 专业学习经历与老师们之前尝试过的其他科学课程改革的最大不同之处在于，他们现在接触的是深嵌在三维学习结构中的新的教学任务。老师们被指导如何组织和呈现整个单元学习，并使其与驱动性问题保持一致。驱动性问题是和表现期望相关联的一个有目的、有意义的问题。具体来说，驱动性问题鼓励学生参与促进各跨学科概念理解的科学实践。[15] 驱动性问题激发了学生了解整个单元学习任务的欲望。在整个单元教学中，持续关注驱动性问题对刚刚尝试项目式学习的教师来说是具有挑战性的。然而，这种对驱动性问题的持续关注有助于教师和学生学习 PBL 框架。

正如芬兰物理老师阿库所说，"驱动性问题是一个有意义的、学生感兴趣的问题，也是一个足够大的问题，教师需要很多节课来教授"。我认为一个好的驱动性问题是非常重要的。在每节课结束时，检查这节课如何帮助我们回答驱动性问题，这对所有的单元教学都很重要。

另一位芬兰老师莱纳描述了她最初对这个过程的担忧，随着时间的推移，她对驱动性问题的想法发生了变化，并且她愿意在整个单元教学中接受和持续关注驱动性问题。

> 驱动性问题对我来说是一个全新的概念，我花了一些时间去理解它的意义。一开始听起来有点太简单了：提出一个问题，然后用几个小时得到问题的答案。现在我想我的理解更深入了，好的驱动性问题在整个单元中都是有意义的。例如，在学习电流和水之间的关系时，驱动性问题可以是学习如何解释运动、描述运动。通过一课又一课的学习，我们逐步发现了如何去做。每节课结束时，我都在检查我们是否回答了每节

课的问题。这很具有挑战性。在开始的时候，我在解释这种新的学习方法和我们将要做的事情上花了大量的时间，因为我担心学生没有充分理解我们想要实现的目标。令人惊讶的是，课堂上学生如此频繁地高度参与到这一过程中，并且这一过程并不像我最初所想的那么问题重重。

驱动性问题的重要作用是它统一了每节课的焦点和共同的学习目标。正如美国物理教师理查德（Richard）所说，"我认为驱动性问题有助于引导学生不拘泥于过于烦琐的细节，而是更加专注于我们正在努力完成的工作的重点。这也让我保持了专注"。美国化学老师伊莱恩重申了问题的焦点："这种方法是如此聚焦。从单元学习的第一天到最后一天，驱动性问题为教师和学生提供了一个可以理解、可以实现的共同目标。这有助于教师和学生每天都能集中精力并紧密联系在一起。"

参与科学实践

PBL 的一个基本原则是，科学学习必须伴随科学实践活动。除了提出问题外，学生还需要设计实验、计划调查、进行观察、收集和分析数据、解释观点、分工合作、产生新的观点。[16]PBL 中最令教师兴奋的部分是他们的学生参与了科学实践，如计划和执行实验、建立模型、提出主张和创造作品，并展示了他们理解的发展。[17]

美国化学教师诺厄（Noah）在描述他使用 PBL 的经历时，详细描述了他对科学实践如何培养批判性提问者的看法："PBL 为学生提供了更多为自己而学的自由，它真实地为学生提供了每天进行实验、收集数据、重构观点的机会，其中尤为重要的是，提供了学生提出观点并用自己计算得到的和发现的详细证据来支持观点的机会。这让学生成为批判性思考者、发问者。"

计划和开展研究需要系统地描述、发展和检验关于世界如何运作的理论。学生们需要弄清楚哪种类型的观察和实验设计将提供给他们构建与解释因果关系的模型所需要的数据。这个过程包括选择适当的测量方法和控制可能混淆结果的变量。正如美国化学老师伊莱恩所解释的那样：

> 很多化学知识都是概念性的。我们不能用肉眼看到原子，但当我们从游泳池里走出来的时候，我们觉得很凉爽。为什么会有这种感觉呢？许多学生对此存在误解，因为他们认为那是毛孔张开所致。因此，教师可以帮助学生澄清一些误解。当我们观察这些液体并试图理解正在发生的事情时，我们所做的每件事都会对这些液体的微粒产生影响，包括我们谈论真实生活中的其他场景。当你做这些事情时，这些微粒并不会消失，它会去某个地方，也可能会转化。总之，"你的行为是会产生影响的"。第一个单元让学生思考分子以及它们是如何相互作用的，蒸发和碰撞会影响分子间的作用力，这也就是为什么不同的液体蒸发或冷却的速度不同。我们研究了学生自己看到的现象，以及他们收集的数据，以便弄清楚为什么某个东西冷却得更快或更慢。

建模可以帮助科学家和工程师设想和解释变量之间的关系。模型可以有多种形式，包括数学公式、图表和计算机模拟，它们以一致和合乎逻辑的方式表征现象、物理系统和过程。在物理和化学学科，学生们经常处理数学公式，需要建构、修改和使用他们的模型来描述一个现象。一位美国化学老师琳达（Linda）描述了自己在课堂上的经历：

> 在这个单元，我们讨论了为什么盐是可以安全食用的，使它不危险的因素是什么。学生们说出他们的想法，化学反应的存在使盐可以安全食用。在建模过程中，他们不断优化自己提出的问题——思考正在发生的事情，并与之前的单元建立联系。

菲利普还发现建模对他的学生（和他自己）是一个有价值的挑战：

> 建模对我和我的学生来说是新鲜事物，我们关注的焦点是构建和修改模型。建模的价值在于允许学生把一个抽象的想法或概念具象化。这实际上是一个元认知过程，在这个过程中学生会想"是的，这是我刚刚

学到的"。那么，如何用最简单的方式来表达它呢？

教师可以要求学生对刚刚学过的内容提出观点，并收集和使用证据来证明他们关于自然现象如何发生的观点。科学就是要论证为什么一种解释比另一种解释好。通过提出观点的过程，学生们学会了怎样才能成为科学的批判者，即一个能够权衡不同观点并判断科学论证质量的人。一位美国物理老师理查德是这样说的：

> 我喜欢他们能够利用证据提出观点。学生朝着学习和理解现象的方向迈出的每一小步都是很有意义的。尽管看起来行动缓慢，但当学生以这种方式学习时，他们似乎真的掌握了。所以，我很享受这个过程，这是对我的回报。他们可以彻底地解释一些概念或现象，你可以看出这不是简单说说而已，学生可以在更高的层次上，开始问出更好的问题。

创造作品是学习科学的一个关键组成部分。在创造作品的过程中，学生积极地使用科学思想，重现了他们对现象更深的理解。当学生解释现象时，他们的理解远远超出了线性的、离散的信息，他们将各种概念之间的观点联系起来。这个过程也允许教师和学生对观点和解释进行评论和提供反馈。

通过实验和建立模型，学生们完成了作品制作。例如，他们设计并制造出能够启动的电动机，拍摄其运行的照片和视频，以便进一步分析。正如美国物理老师理查德解释的那样：

> 学生们建造了这些在磁悬浮轨道上行驶的磁浮车，然后他们建造了小型的需要负载才能工作的发动机。这个想法是为了展示磁铁之间，或磁铁与电磁铁之间的相互作用。在建造发动机的过程中，我能够说，学生通过努力，甚至使用他们正在理解还不能很好运用的知识来试图让发动机工作。通过观察和分析发动机成品，甚至是那些没有在单元课程学习中出现过的发动机，我能够根据他们的作品判断他们是否掌握了能量流动的主要概念。在他们制造发动机的时候，他们以班级为单位组建了集体，一起工作来解决问题。

当判断哪些学生的作品可以作为学生三维学习的证据时，如何评价作品对我们团队来说是一个挑战。为了解决这个问题，我们与研究团队的老师们合作开发了一个概念验证研究项目，创建了评分规则，并将其应用于来自三个课堂的作品。初步结果显示，略多于一半的学生作品使用了科学实践、驱动性问题和跨学科概念。这个早期阶段的工作表明，可以通过测量学生的三维学习知识来为作品评分。反过来这可以帮助学生完善自己的作品，使其更好地与 NGSS 对三维学习的建议相一致。[18]

合作学习经历

正如美国国家研究理事会的《K-12 科学教育框架》所述，"科学根本上是公益事业，科学知识的进步是在规范完善的社会系统中合作实现的。科学家个体可能独立完成大部分工作，也可能与同事密切合作"。[19] 成功的学习者会分享、使用和讨论观点，并创建团队，促使观点之间建立联系。这种对合作的重视受到了美国和芬兰学校所有老师的积极评价。美国物理教师菲利普最初分享道："我认为合作学习科学对学生来说是至关重要的，它是可以让孩子们成功的、有助于不断发展成长的氛围和工具。正如德博拉·皮克-布朗提到的，'科学课程和传统科学教育，需要做出改变，学生需要学习如何与其他人进行合作，这些人不一定是他们的朋友，甚至可能不同意他们的观点或观点与他们截然不同'。在 21 世纪，获得不同的观点并与问题相处是至关重要的，这是我们的孩子们未来所必须应对的状况。"

玛丽也是一位美国物理老师，她同意这种说法。"让学生在一起工作意义重大，虽然我的学生不喜欢在一起工作，但他们发现，当他们能够互相帮助时，他们对自己和他人的感觉更好。当很多孩子同时遇到同样的难处理的问题时，事实证明让他们合作解决问题将是一段有益的体验。这意味着一个人不完全理解问题也没关系，他们可以一起努力解决问题。"

在芬兰，学生通常不像其他国家的学生那样合作。芬兰物理教师马蒂亚斯描述了在 PBL 框架的支持下，科学合作是如何帮助学生讨论和共同解决问题的：

很高兴看到他们谈论这个现象，并一起讨论答案。刚开始的时候进展并不顺利，我总是要推动并引导他们互相交谈，讨论他们所做的事情。这确实提高了他们彼此合作的技巧。在传统的课程中，他们的合作不多。这是关于PBL合作最好的事情之一。在往年教学中，我都与学生一起做原电池。今年，我要求他们以小组为单位制作，并需要回答问题"你们为什么会选择一个化学反应设计电池？""你们测量出来的电压是多少？"。在得到这些问题的答案之前，他们需要连续好几天完成很多项任务。通常情况下，我总是能控制住局势。我总是告诉他们该做什么，然后我们一起得出结论。我认为这在过去很有效，但现在他们必须自己得出结论。最终结果可能是相同的，甚至可能合作讨论得到的结果是更好的，因为更多学生在参与学习的过程中投入了精力。

教师对PBL教学的挑战性的反思

不同学生的兴趣、技能和知识各不相同，这些差异在解决问题的过程中表现得尤为明显。即使学生之间相互合作，PBL也并不总是对所有学生产生类似的社会和情感影响。一些学生似乎比其他学生更容易接受PBL，而其他学生（尤其是学业成绩较好的学生）则更抗拒。菲利普解释道：

不是所有的学生都能解决所有的问题，对吧？无论如何都是这样。但是，通过这些基于项目的单元和课程，学生更容易完成在传统教学中较难完成的任务。在我的课堂上，有的学生能够从多个角度以一种抽象的方式思考问题，真正参与并得出解决方案。即使有一些学生不能得出解决方案，他们仍然能够不抱怨地说，"好吧，我们做了什么呢？我们怎么能找到解决办法呢？我们错过了什么？"。然而，我的学业成绩较好的学生会非常沮丧，因为这不是一个合乎逻辑的能够得到明确答案的步骤顺序，他们会认为"老师让我去思考，还让我思考我是怎么思考的；老师让我们自己提出问题，但老师才应该是提问题的人"。

芬兰物理老师莱纳也表达了类似的观点："我们学校的成绩较好的学生，我认为他们知道下一步的任务和具体期望，所以遵循 PBL 框架对他们来说一点都不难。但实际上这些学生只想被告知答案。一些学生说：'你为什么不直接告诉我们呢？为什么我们要自己想办法呢？'"

对于学习吃力的学生来说，教学方式的改变被视为对他们学业的支持和鼓励。美国化学老师伊莱恩说："老实说，我有个学生在开学时跟我说，'之前我从来都不懂科学'，但她很高兴去年在科学课上真的学到了一些东西，她之前对科学从来没有这种感觉。对于那些学习吃力的孩子们，我认为 PBL 让他们有一种安全感，因为每一个人的贡献在于他可能会对其他人的模型和观点有所补充。"

随着时间的推移，成绩较好的学生和学习吃力的学生似乎达成了共识，PBL 并没有降低他们的成绩（事实上，PBL 提高了成绩最差的学生的成绩），这是一种令人满意的学习方法。[20] 根据芬兰物理老师阿库的说法："最成功的学习者，在很多情况下，他们学习是为了通过考试并取得很好的成绩。PBL 学习比传统的教与学的方式复杂一点。开始学生有一点担心在学习上遇到的一些问题，但最终他们发现 PBL 是一种很好的学习方式，并取得了好成绩。"

在一所存在出勤率和纪律问题的美国学校里，学业成绩高和学习困难的学生都对 PBL 持积极态度。正如一位美国物理老师玛丽解释的那样，"不必担忧那些在课堂上大部分时间里更细心的同学，他们也会逐渐在其他课堂上做得很好。PBL 对他们很有效，会激励他们做得很好。即使他们在课堂上做得不好，他们也会不断探索、问很多问题并不断进步"。

教师和学生都认为 PBL 支持科学学习，因为它将内容情境化，推动学生和教师彼此合作。同时，PBL 提供了一个使用大概念和科学实践来解决问题的更积极的学习过程。通过这个过程，教师和学生能够计划、参与和反思他们的学习。

教师对 PBL 的个人反思

正如我们所看到的，两国教师的许多评价都是正向的。几乎所有的教师都对 PBL 的使用如何影响他们的课堂教学进行了肯定。特别是，在让学生主导教学的问题上，芬兰的物理教师莱纳说："我的教学方式有所不同。当我教书的时候，我说话。现在我得尽量保持安静，让学生做所有的工作。"在提出有意义的问题时，来自芬兰的物理教师阿库分享道："教学的整体性和思维方式都是全新的。

如何将科学作为一个整体来教授，对我和我的同事来说是一个学习的过程。PBL 强调学习，教师将自己作为学习者会使科学生动而有意义，并有助于关注科学背后的东西。"关于将科学实践作为一种协作和迭代活动，菲利普解释道：

> 我认为 PBL 的教学实践是需要持续改进的。这是相当独特的，我们需要特别强调，我们今天所做的并不代表 PBL 的最终水平。PBL 的实施是一个持续迭代的过程，我们都在关注并继续改进。之后，在很多次科学教学中，我发现自己在使用与 PBL 相似的教学方式，这让我更热衷于投入，分享想法，成为一个积极的倾听者；而不总是像老师经常做的那样，准备好教学内容就直接进行讲解。我发现我的工作是确保每个学生的声音都被听到并被认为是重要的。

一些关注和批评

这是第一次尝试在高中物理和化学课堂上实施 PBL，所有老师都是新手，同时由于这是一项初步研究，因此不可避免存在一些问题。例如，有些实验没有成功，有些材料没有起到应有的作用；一些老师觉得他们需要更多支持，尤其是在他们的课堂存在管理问题的时候；有的老师认为课程单元用时太短，而有的老师认为课程单元用时太长了；有的老师发现评分过程具有挑战性，特别是"制作每组产品——让小组（而不是个人）拥有项目所有权"的活动；最后，一些老师担心不知道如何向家长解释他们的孩子的贡献是什么，以及如何提升成绩。

我们并不是想说 PBL 是灵丹妙药，也不是说 PBL 的一切都完美无缺。教师们在他们的评论中没有遮掩或回避，他们坦率地讲述了自己的弱点和尝试不同事物的不确定性。这反映在我们收集和分析的所有类型的数据之中。然而，也许最令人惊讶的是，量化数据是如何反映了教师的一些真实感想，以及这些感想如何与学生的回答相呼应。

教师的 ESM 数据分析

所有的教师都参与了 ESM，教师使用的版本比学生使用的要短（见附录 C）。教师还回答了一份背景调查问卷，其中包括教师教学国际调查（Teaching and Learning International Survey, TALIS）中的一些题目，以及卡罗尔·德威克（Carol Dweck）提出的成长心态问题。[21]

与我们对学生研究的结果相似，当教师经历最佳学习时刻（OLMs）时，他们更有可能增强积极的情绪，如兴奋、自信、自豪和快乐。他们也不太可能经历负面情绪，如无聊或困惑；但他们经历了轻微的胆战心惊，感到压力和焦虑增加。和学生一样，最佳学习时刻往往很少发生。在科学课上，教师报告经历最佳学习时刻的平均比例约为 27%。对于学生来说，这一比例略低，最佳学习时刻发生的概率约为 19%。[22]

我们想知道，当学生和他们的老师能够更多参与到特定的学习情境中时（在本项目中即参与 PBL 活动时），他们是否更专注于科学学习。为了评估这一点，我们测试了教师的挑战、兴趣和技能（最佳学习时刻的三个重要组成部分）在 PBL 活动中是否高于平均水平。分析来自教师的 ESM 数据，我们发现在 PBL 期间，教师明显更有可能对即将到来的活动感到有挑战，但对正在进行的活动感兴趣。虽然没有统计学上的显著性，但教师似乎也感觉自己的 PBL 教学技能水平略低。如前所述，教师报告说自己对教学 PBL 单元相当感兴趣，但他们在 PBL 环境中工作时也感到有挑战。教师觉得自己的技能较差，这是有道理的，因为对许多老师来说，这是第一次在课堂上尝试教授这些单元。

在科学实践方面，教师和学生都出现了一些有趣的模式。教师和学生都认为计划调查是一种积极的最佳学习时刻体验，而交流信息是最不被肯定的最佳学习时刻体验之一。然而，教师和学生在最高和最低水平的科学实践模式出现了分歧。教师们将建构模型和使用证据进行论证视为高度积极的最佳学习时刻体验，而对定义问题和设计解决方案给出了最低的评分。这些评分较低的任务可能与教师对它们的熟悉程度有关，因为它们被用于传统的科学教学。学生评分最高的学习体验往往更加积极，具体而言是定义问题和设计解决方案，这与教师的评分情况相反。在 PBL 中学生们扮演教师的角色，提出问题并设计自己的解决方案。学生认为不感兴趣的体验是建构模型和交流信息。这些技能虽然对提出观点至关重要，但学生已经能熟练地掌握。学生对这些任务的兴趣较低——可能是因为这些任务提供的归属感较低，学生在做这些任务时只感到适度的挑战。[23]

这些ESM结果是初步的，并受数据分析的各种因素，包括数据缺失、对被提问的内容缺乏明确性、对如何评估被试响应的种种顾虑等多方面的影响。[24]但即使数据分析存在一些特定的处理，ESM与其他回顾性和一次性测量中的社会和情感测量相比，趋势、模式和显著性测量仍然是可靠和有效的。

除了ESM调查，我们还请老师们做了背景调查问卷。结果显示，我们样本组的教师具有较高的成长型思维模式。也就是说，这些教师认为智力是可塑的、可以改变的，他们认为提高思维和推理能力比获得特定的内容更重要，他们更喜欢让学生自己解决问题。这类教师在报告中说，教学的时候他们满腔热情，稳步推进，仿佛时间在飞逝。我们的教师通常不会在报告中表现出对工作倦怠或不满意［这一发现与最近发布的美国《学校及人员配备情况调查》(Schools and staffing Survey)的教师概况不一致］。[25]正如我们已经讨论过的，这些问题（即倦怠和不满）对芬兰的教师来说，不像其他国家的教师那样紧迫。[26]

这些结果确实很有吸引力，现在报名参加我们项目的申请已经超额了，密歇根州和其他州的许多学区都想加入这项工作中来。除了美国和芬兰，来自其他国家的很多学校也表达了参与的兴趣。我们致力于进行有更多的学生和教师参与的，并使用经典随机程序的大范围效能试验。[27]但我们也会整理、制作相关材料，包括评估项目等，并在将来公开这些资源。[28]

教师的投入和参与是教育改革成功的重要条件之一。即使会面临挑战和最终结果的不确定，我们的老师也一直愿意尝试。在许多方面，我们所学到的知识印证了《学校中的信任》(Trust in Schools)这本具有开创性的书中的发现。[29]变革的努力需要将精心设计的倡议（PBL是其中之一）融合在一起，并由所有参与者作为合作活动来完成。我们的教师认为这项工作是一个可以从精心设计的、理论丰富的倡议中学习的机会，这一倡议也被专家认为是既有意义价值又与时俱进的。

注释

注：本章中使用的所有引文均来自美国和芬兰的个别教师。为保护隐私，姓名已被更改，为保证可读性，进行了微调。

1. 本章的参考文献并不打算对科学的教与学进行全面分析。我们在科学领域的教师实践和学生学习方面的大部分内容是基于现有的文献和我们的首席研究者拉沃宁（Lavonen）教授的工作形成的。在这里，我们强调布兰斯福德（Bransford）的观点，这些观点具体解决了我们用来研究教师和学生学习科学的几项措施。布兰斯福德参与了《人是如何学习的：大脑、心理、经验及学校》（*How People Learn: Brain, Mind, Experience, and School*）这本书的撰写，该书主要用于赫尔辛基大学教师教育项目；参见布兰斯福德（Bransford），布朗（Brown）和科金（Cocking）的《人是如何学习的》（*How People Learn*）。拉沃宁对布兰斯福德的观点做了补充性的解释，认为积极的教育包括学生对自己的学习进行规划和评估。有关详细讨论，请参阅奥斯本（Osborne），西蒙（Simon）和科林斯（Collins）的《科学态度》（*Attitudes towards Science*）。

2. 这些想法摘自布兰斯福德（Bransford），布朗（Brown）和科金（Cocking）的《人是如何学习的》（*How People Learn*）。

3. 例如，在国际学生评估计划（PISA）中，学生们报告说这是他们经常接受的教育类型。参见 OECD 的《PISA 2015 结果》（*PISA 2015 Results*）的第三卷《学生的福祉》（*Students' Well-Being*）。

4. 在芬兰，与 PBL 设计原则类似，探究被定义为允许学生通过包括自然、网络信息和实验等各种媒介进行反思、解释和评价等活动。观察不仅是观察事物。芬兰人认识到，观察受到概念和信念的影响，在科学中，观察被用来生成关于观察到的现象的解释和理论。

5. 芬兰教师对他们与国家政策的关系有不同的看法，这归因于各种因素，包括文化和历史的价值体系，教师认为他们是发展其高质量教育项目的积极专家。参见萨尔贝里（Sahlberg）的《芬兰课程》（*Finnish Lessons*）。

6. 美国和芬兰的新标准改革之间的关系以及专业团体的反应在开篇有更详细的讨论。

7. 虽然不是决定性的，但这些教师所表达的想法还是很有说服力的，而且在两国的教师中都有广泛的共识。这些采访是由几个不同的采访者对 25 名教师进行的。

观点摘录的框架是基于给两国教师的协议，随后进行了转录。我们对教师加入项目的动机很感兴趣，这样我们可以更好地了解潜在的选择偏差和之前的 PBL 经验。实质上，我们探究了教师对三维学习的认识和解释，包括学科核心概念、跨学科概念和科学与工程实践。我们还探讨了 PBL 的几个具体设计原则，如驱动性问题、计划和开展调查、合作寻找解决方案和制作作品。此外，我们还对测量学生在课程中的互动情况，以及教师对其 PBL 经验的反思感兴趣。见科瑞柴科（Krajcik）等的《教学计划》（Planning Instruction）；关于 PBL 实践的更具体深入的解释，见科瑞柴科（Krajcik）和塞尔尼克（Czerniak）的《科学教学》（Teaching Science）。

8. 见奥伊科宁（Oikkonen）等的《职前教师教育》（Pre-Service Teacher Education），以及尼米（Niemi）的《教育学员教师》（Educating Student Teachers）。

9. 关于科学中个人兴趣和价值相关兴趣之间的联系，见拉沃宁（Lavonen）和拉克索宁（Laaksonen）的《芬兰学校科学教与学的背景》（Context of Teaching and Learning School Science in Finland）。

10. 在他们最新的书中，瑞安（Ryan）和德西（Deci）指出，一个成功的学习环境的关键因素之一是培养学生的自我决定，特别是当有对好奇心、创造力和生产力的支持（他们这里的词是"同情"）时，参见瑞安（Ryan）和德西（Deci）的《自我决定理论》（Self-Determination Theory）。

11. 有一些关于创造力的新手册，其中一本是谢利（Shalley）、希特（Hitt）和周（Zhou）的《牛津创新、创意、创业手册》（The Oxford Handbook of Creativity, Innovation, and Entrepreneurship）。我们之所以强调这本书，是因为它关注的是创造力和问题解决之间的关系，其中大部分是在组织内部。我们认为有必要重视协作性团体问题解决、活动以及人工制品生产之间的关系，因为这为发展技能组合奠定了基础，而这些技能组合是包括技术和工程在内的多个科学领域创新创业活动的一部分。这些想法在芬兰和美国的科学标准中也得到了强调。

12. 克拉格（Klager）、切斯特（Chester）和图伊图（Touitou）的《学生的社会与情感体验》（Social and Emotional Experiences of Students）。

13. 克拉格（Klager）、切斯特（Chester）和图伊图（Touitou）的《学生的社会与情感体验》（Social and Emotional Experiences of Students）。

14. 教师专业学习活动和国家教师交换交流活动在第 1 章中有更详细的描述。

15．要了解如何使 PBL 的驱动性问题和其他维度与设计原则相关，以及如何在课堂实践中建构和评估 PBL 的驱动性问题和其他维度，请参见科瑞柴科（Krajcik）和塞尔尼克（Czerniak）的《科学教学》(*Teaching Science*)。

16．同 15。

17．这些科学实践的描述摘自 NGSS。协作在 NGSS 中没有被确定为一种科学实践，但它被强调为三维学习的一个基本组成部分。

18．参见皮克－布朗（Peek-Brown）等的《使用作品》(*Using Artifacts*)。

19．参见美国国家研究理事会（NRC）的《K-12 科学教育框架》(*A Framework for K-12 Science Education*)。

20．克拉格（Klager）和施奈德（Schneider）的《评估课程干预措施的策略》(*Strategies for Evaluating Curricular Interventions*)。

21．OECD2013 年教师教学国际调查（TALIS）的结果卷，德威克（Dweck）的《终身成长》(*Mindset*)。

22．这些数字是使用标准化分数计算的，这意味着我们考虑了每个教师和学生的个人平均分数的差异。

23．这些测试直接来自 ESM 建构模型和交流信息。

24．一些不同的经济学家、方法学家、心理学家和社会学家对 ESM 方法论提出了担忧。考虑到调查中发现的数据缺失和其他测量问题，ESM 仍然是衡量社会和情感学习的有力工具。参见希瑟（Hektner）、施密特（Schmidt）和契克森米哈（Csikszentmihalyi）的《经验采样法》(*Experience Sampling Method*)。

25．见 NCES 的《学校及人员配备情况调查》(*Schools and Staffing Survey*)。

26．关于其他国家和芬兰与倦怠相关问题的深入讨论，请参见我们的首席研究员卡塔里娜·萨尔梅拉－阿罗（Katariina Salmela-Aro）的工作，他是这一领域的专家。参见皮耶塔里宁（Pietarinen）等的《减少教师职业倦怠》(*Reducing Teacher Burnout*)；皮海尔特（Pyhältö）、皮耶塔里宁（Pietarinen）和萨尔梅拉－阿罗的《教师与工作环境的匹配》(*Teacher-Working-Environment Fit*)；皮耶塔里宁（Pietarinen）等的《社会情境下教师职业倦怠量表的有效性和可靠性》(*Validity and Reliability of the Socio-Contextual Teacher Burnout Inventory*)。

27．见沙迪什（Shadish）、库克（Cook）和坎贝尔（Campbell）的《实验和准实验设计》(*Experimental and Quasi-Experimental Designs*)，施奈德（Schneider）等的《因

果效应的评估》(*Estimating Causal Effects*)。

28．像这样复杂项目的评估需要多种程序和适应现有的国家具体做法和新的研发活动。在密歇根州，研究人员将与州一级的测试人员以及其他州的测试人员合作，开发能够准确衡量三维学习目标和活动的总结性测试项目。芬兰还与密歇根州团队合作，开发符合芬兰学习单元和学习特色的项目。团队成员在新论文中描述了这两个项目开发过程，见别利克（Bielik）、图伊图（Touitou）和科瑞柴科（Krajcik）的《作品评价》(*Crafting Assessments*)，以及拉沃宁（Lavonen）和尤蒂（Juuti）的《学习评估》(*Evaluating Learning*)。

29．见布里克（Bryk）和施奈德（Schneider）的《学校中的信任》(*Trust in Schools*)。

第三部分

激发学生高度参与科学学习的途径

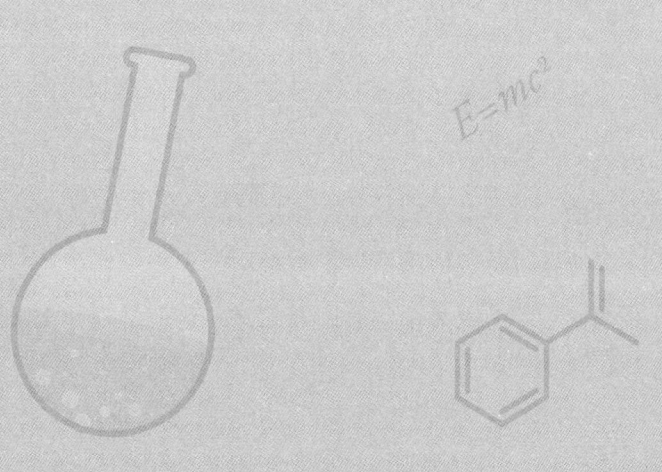

6. 三维学习

我们在美国和芬兰的 20 所学校与 1400 多名学生和 50 多名教师一起实施了 PBL，结果令人鼓舞。这表明，通过 PBL，学生的参与度和学习效果是可以提高的，并且教师可以成功地改变他们的教学实践。尚未解决的问题是，如何通过更广泛的教育系统推动我们的一些想法，进而影响更多学生和教师的科学环境。或者，就此而言，家庭如何参与才能为他们的孩子和自己提供有意义的科学体验。

我们的愿景并不是让每个人都成为科学家，而是让一些可能正在考虑未来从事科学和技术相关职业的学生，特别是女性和弱势群体，能有提升自身科学素养的机会，并进一步提升整体社会层面的科学素养水平，以便这一代和下一代人可以丰富和维持我们星球上的生命。

关于参与的研究

我们研究中最重要的信息之一是参与是情境性的。参与不是一个适用于所有情况或可以在所有情况下维持的综合概念。即使是最热情的学生，若处于一个极具挑战性的环境却没有适当的技能，或者听老师谈论科学，却没有机会自己发现科学原理，这都可能会让他们感到厌烦。

参与显然对学习至关重要，但是它与其他对学习科学至关重要的社会和情感因素的关系经常被忽视。[1] 在许多科学课堂上，教学通常并不是集中在研究一个有目的、有意义的问题上。相反，老师们经常试图通过将学生与科学家联系起来，或通过参观博物馆来提高学生的兴趣。但是仅仅展示其他人在做科学是不够的，科学学习必须具有内在意义。这就是为什么学生必须参与到科学实际的"做"中去。

美国和芬兰的科学教育界认识到，为了促进科学学习，学生需要理解现象或找到对他们个人有意义的问题的解决方案——这些问题需要通过使用学科核心概念、科学与工程实践和跨学科概念来"弄清楚"。他们也知道,如果正在探索的现象过于复杂,学生们暂不具备制订合理策略所需的技能,他们很容易感到困惑,这会导致他们的兴趣和毅力下降。如果问题答案很明显或者该知识已经被教过很多次,再让学生去解决它就会让发现的过程变得单调乏味。

认真学习《K-12科学教育框架》和芬兰课程目标的建议后,我们意识到要提高对科学的参与度,首要目标应该是将教学实践从被动学习转变为主动学习,这与学习科学中揭示人如何学习的研究是一致的。[2] 通过向学生提出他们感兴趣的挑战性问题来提高学生的参与度是体验最佳学习时刻的关键,因为学生有很多但不足以解决问题的背景技能和知识,因此还有促进学习的空间。当处于最佳学习时刻,学生可能会有更强烈的成功感和自信心——我们认为所有这些都会促进学生学业学习、社会和情感因素的发展。

这里我们展示了最佳学习时刻模型及其与多种学习结果的关系。[3] 从本质上说,这个模型始于教学实践,该教学实践能够创造一个可以增强科学学习、社会和情感发展的环境。

在这个模型中,情境参与的属性是挑战、技能和兴趣。兴趣不仅是个人的偏好,当学生遇到相关的、有意义的问题时,兴趣也可以成为学生真正的动力。例如,PBL的力与运动单元中的驱动性问题"如何设计一辆在碰撞时让乘客更安全的汽车?",这可能会引起许多最近学习过或正在学习驾驶的美国高中生的兴

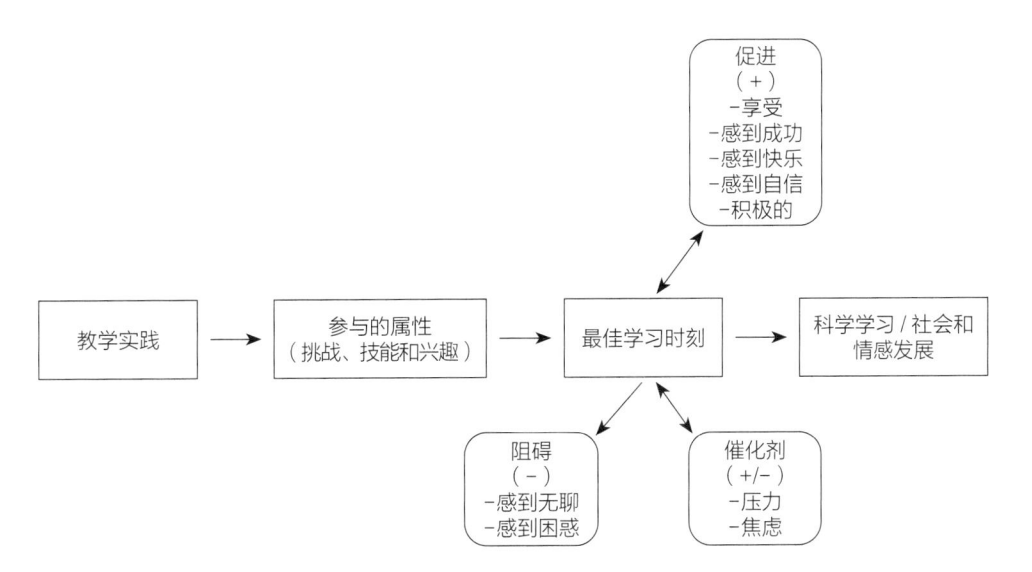

趣。挑战有助于激励和引导学习者解释现象或解决问题,如果不参与一组建立在现有技能基础上并鼓励学生发挥想象力的特定任务,这两个目标都不可能实现。这里的知识和技能被视为增值的和特定领域的,学生通过积极参与设计和构建模型或获取和解释证据以证明其主张的合理性等行为,获得完成单元任务的必要技能。这些类型的行为技能很可能会迁移到其他认知任务中——而不是像记忆术语和方程式,它们仅仅将记忆作为目的。

当学生在最佳学习时刻学习时,其他的主观体验会同时发生,这些体验可以促进或阻碍学习。阻碍学习的体验有——如果任务不够有挑战性,学生就会感到无聊;如果任务所需的技能太复杂,学生就会感到困惑。作为学习催化剂的体验有——当解决问题的步骤没有精心搭建或没有随着时间的推移而自然生成时,学生通常会感到焦虑或压力大。如果压力过大,学生可能会变得心不在焉或麻痹。[4]然而,适度的焦虑可以刺激学生学习而变得有益,例如,通过激发学生兴趣和激励学生寻找挑战的解决方案来引导学生学习。

促进学习的体验有——在最佳学习时刻很可能得到改善的积极情感。这包括享受自己所做的事情并感到快乐、有成就感或自信。我们猜测,这些主观感受可以帮助学生在挑战性任务中保持参与度,但当完成任务的过程中没有取得足够的进展,或很少得到鼓励或支持时,这些感受就不足以支撑学生参与。促进因素,就像其他社会和情感因素一样,受特定情境的限制。

如果挑战、技能和兴趣对参与至关重要,那么哪一种教学策略在创造学业、社会和情感学习环境中最有效?这里我们选择了PBL。PBL具有以下优势:基于设计的原则、创新的课程开发、专业学习以及我们预估能促进学习的测评技术。PBL的设计原则尤其重要,因为它们为设计一个单元(这些单元以弄清楚一个现象或解决一个问题为中心)提供了明确的标准;它们阐明了可观察的行为(通过在课程层面整合和使用所要求的学科核心概念、科学与工程实践和跨学科概念);它们为识别PBL在多种情况下的精确实施提供了可靠的指标。PBL还包括持续的专业学习,教师在课堂上采用PBL策略时会得到支持。最后,它允许使用各种测评技术,最有发展潜力的是它可以让学生展示模型和解释他们的工作。[5]

建议1:为了加强情境性的科学参与,应该精心设计满足教学策略要求的环境。在这种情况下,在PBL中的体验可以促进学生有意义的兴趣的增强、技能的提高和有挑战性想法的产生，这些想法可以与科学、学术、社会和情感学习相关联。

参与和项目式学习

我们选择 PBL 来检验我们的参与模型还有其他几个原因。几十年前制定的 PBL 设计原则反映了 K–12 框架、NGSS 和最近的芬兰课程改革中都同样强调的"实践"。NGSS 没有指定特定的课程，因此我们采用了 PBL，因为它有创建具有相似目标的课程单元的记录。通过开发新单元，我们能够进一步检验 PBL 设计原则。我们还着手满足中学生学习化学和物理课程以提升学业学习、社会和情感发展的重要需求，因为这些课程通常是进入高等科学课程的门槛。

PBL 的一个重要的创新之处在于它对社会和情感学习的关注，以及对参与性和合作性课程的关注。当向年轻人提出对他们有意义的，并且可以通过科学实践以及学习和辩论想法的方式合作解决的问题时，他们可以参与其中。当学生以一种系统的方式从事实验或模型建构的工作时，通过教师精心搭建的脚手架来完成真实问题解决的活动，并产生有形的项目产品，他们更有可能享受这种体验，并对此感到自信。与同学合作完成任务不仅凸显了当今科学的典型发展方式，还为具有不同技能和背景的学生提供了同伴互动的机会。

但 PBL 不仅是一种教学干预，它也是一种改革体系，体现了安东尼·布里克（Anthony Bryk）、路易斯·戈麦斯（Louis Gomez）、阿莉西亚·格鲁诺（Alicia Grunow）和保罗·勒马耶（Paul LeMahieu）合著的《学会改进》（*Learning to Improve*）一书中强调的几个组成部分。[6] 他们关于如何快速为学校带来提升的新想法的模型概括了我们推进科学学习的几个"系统模型"的想法。特别是，我们的科学学习模型与布里克和他的同事描述的四种可识别的改善科学的原则相一致。

第一，我们工作的目标是提高师生在科学领域的核心体验。为此，我们设计了一个系统，从一开始就让教师参与其中，为教师提供面对面的专业发展学习体验，然后在教师教授新的 PBL 单元时继续进行线上支持。教师在教学改革的过程中一直是不可或缺的参与者，帮助我们反复修改我们的项目单元和评分标准，以对形成性评价和项目产品进行评分。许多人甚至自愿帮助他们的同事在自己的课堂上实施 PBL。在我们的现场测试中,美国和芬兰最初担任领导角色的几位教师继续与我们合作完善我们的科学学习系统。

第二,我们的系统模型侧重于研究如何改变科学课堂的日常教学(经学校和地区领导的一致同意)。[7] 它为如何从教师主导的教学转变为教师和学生共同解决问题和理解现象的教学提供了明确的方向。它以教师教授的特定概念为主要话语框架,并嵌入到教师和学生并不陌生的日常教学中,但它也强调学生主动性和参与性的重要性,也强调让学生像科学家和工程师一样进行科学实践。

第三,我们非常清楚我们学校与其他地区学校的文化历史和价值观之间的差异,最重要的是,应该如何处理我们两国之间的差异。尽管我们是一个跨国团队,在想法、研究方法和工具上进行合作,但是我们能意识到我们在社会和课堂层面的文化差异。在社会层面,为了匹配每个国家的文化和课程目标,课程都进行了专门设计。在课堂层面,我们的意图绝不是设计任何国家的教师都可以完全遵循的教学脚本,而是提供改变传统教学的建议,以更好地体现三维学习和 PBL 设计原则。

第四,我们开发了一个形成性评价系统。我们广泛致力于开发新形式的评价工具,以判断学生是否已经实现了三维学习——是否掌握了学科核心概念、科学与工程实践和跨学科概念。我们的 PBL 单元也涉及技术,特别是在建模任务中,但技术同时也是我们评价系统的一部分。由于全球社会关注课程改革结果的客观证据,我们还使用由独立机构设计的标准化测试。这并不是说我们忽视 PBL 单元中的形成性评价任务,相反,我们依赖它们,并有观察协议和程序来验证它们的实施和使用。事实上,我们的评价任务特别适合评估学生的学习情况,从而优化学习环境。但是,在政策制定者、学校管理人员和家长等利益相关者能更广泛地改变他们对于学生表现评价方式的期望之前,我们将采用独立的证据来证明我们的研究结果,即采用标准化终结性测试的形式。正如我们之前所表达的,我们希望我们的教学策略能够鼓励学生成功地解决超越传统课程的科学材料中通常涵盖的科学问题。

> 建议2:为了推动科学体制改革,我们需要在设计原则的基础上制订改进计划,该计划对参与这一过程的人来说是有意义的,能基于现实经验进行记录,并且可以被测量。[8]

专业学习和教师教育

科学实践的应用是三维学习的基石，对教师教育具有重要意义，尤其是在美国。科学家研究自然界，并根据他们发现的证据对现象做出解释。工程师研究设计世界，并在测试的基础上提出设计解决方案。培养这些技能需要学生认真仔细地反思和解释他们所观察到的东西，这要求他们进行计划、监控和评价。教师往往没有充分的知识或经验在他们的课堂上来开展和实施这些类型的活动。PBL 单元中要求的许多实践对教师来说是全新的，传统的教学方式是教师主导，且依赖于脚本化的教学材料。改用一种不同的教学模式可能对教师来说很有挑战性——事实上，在我们的研究中，美国和芬兰教师报告说，他们一开始确实感到有挑战性，但随着时间的推移，他们变得更加自在和积极。

芬兰教师接受培训的方式与美国大不相同。如前所述，实证研究——芬兰教师教育项目的核心部分——并不是大多数标准的美国教师培训项目的一部分。许多美国教师教育项目确实涉及与测量、分析、解释和评价有关的问题，但这些普遍理解的概念是让教师从书本中获取，并通过讲座和讨论来传达的，而不需要教师实际实践。如果中学教师只是被动地接触实践，他们将如何激励学生，成为学生的榜样，并评估学生的表现？他们将如何学会以鼓励问题解决和其他更积极的、作为科学研究一部分的任务的方式进行教学？

实际上，如果教师在本科培训或专业学习中使用这些工具进行科学实践的经验有限，我们就不能指望他们会自主进行科学实践。我们从芬兰的教师教育中吸取的一些经验教训，可以帮助美国更好地为教师在科学学习方面的改革做好准备。在芬兰，教学学位是一个有三个阶段的硕士学位项目：首先，学生需要掌握一个特定的科学主题；其次，他们需要学习一系列课程，以确定如何教授该科学主题；最后，他们还要学习一系列教育学、人类发展（包括社会和情感发展）和技术方面的必修课程。作为课程的一部分，学生还需要进行一项原创的实证研究，该研究要反映 K–12 框架中所描述的科学实践。

在美国，职前教师教育和替代认证项目通常不包括实际使用科学家工具进行实证科学调查研究的机会。这确实是有问题的，因为 NGSS 建议学生应用科学与工程实践、学科核心概念和跨学科概念来解释现象和解决问题，当各州和地区采纳 NGSS 的建议时，就会将教师置于某种不重要的地位。PBL 为科学教师提供了参与三维学习实践并与学生一起使用技术的机会。PBL 提供的活动、任务和评估帮助教师引导学生为他们在未来的教育和成人生活中可能遇到的学习情况和问题情况做好准备。

鉴于 K-12 框架和 NGSS 的建议，美国教育政策制定者是时候认真考虑如何将科学实践重新引入教师培训计划中了——就像芬兰一样，鼓励有抱负的专业人士对问题进行实证调查，以捍卫论文观点或对现象的争论性理解。这可以是观察性的，即有抱负的教师提出的问题只有在他们用大概念来弄清楚现象、进行观察、对模式做出假设、开发和测试可能的解释时才能得到答案。这也可能包括建模，即有潜力的教师构建并使用一个模型来表达他们对事物如何运作的理解。这里的概念是将模型作为工具来支持对现象的思考，并在构建模型和解释结果时考虑替代方案。

我们的研究不是对美国教师教育经验的批判，而是经过多次访问芬兰和与芬兰同事合作发现，我们必须提倡本科教师教育要让学生深刻理解教师相关实践、大概念，以及真正的科学家和工程师的实践。我们认识到，改变存在于美国不同的学院、大学的教师教育项目［如"为美国而教"（Teach for America）］将是复杂的。但我们觉得有必要分享一下，我们与芬兰深厚的合作向我们展示的美国可以改进其教师教育的方法。

尽管芬兰的教师教育项目备受赞誉，但芬兰最近仍决定对其教师职前项目和在职专业发展经验进行改革。这一决定是基于最近人口结构的变化以及对具有特定技能的终身学习者的持续需求，这些技能包括但不限于解决新问题、做出合理推断和使用新兴技术。最新的芬兰国家改革活动强调了应用 21 世纪能力、技术以及与其他教师合作开发课堂实践的重要性，同时考虑到不同学校环境的差异，改革工作报告不仅概述了在职前教师培训项目中应该培训的内容，而且还概述了在持续的终身专业发展中应该培训的内容。[9] 值得关注的是，芬兰教育工作者和科学家将以下新技能视为教师的知识基础：第一，学科知识；第二，协作、计划、实施和评估学生在课堂上的表现的互动技能；第三，数字技能；第四，研究技能，这是教师学习基于研究的知识、反思个人教学观点以及建立与学生、家长、教师专家和内容专家之间牢固的关系所必需的技能。这与其他呼吁改革美国教师教育的人所提出清单相吻合，这显然是一份值得考虑的清单。[10]

最近，芬兰已为这一活动拨款3200多万美元，并且有不同的大学提议进行试点研究以实现这些目标。芬兰决心确保其学生具备未来工作所需的技能和知识，而这些未来的工作很可能与现在大不相同。在学习技能的同时，芬兰的这项新改革还强调合作，并支持建立学校沟通网络，来了解学校文化的多样性，并设计考虑到这些差异的评估技术。

令人深思的是，芬兰的教师已经接受了高等学位教育培训，也已经开始了一个新的教师教育改革计划，因为他们的政策制定者认为，当前项目没有达到美国国家科学院的《人是如何学习的》(*How People Learn*)报告中第一卷和第二卷中的许多结论。该报告的结论是，所有学习者都共享基本的认知结构和过程，这些结构和过程在整个生命周期中发展起来，并受到环境和文化的交互影响。因为大脑可以保留知识，并灵活地使用知识进行推理和解决新问题，因此，通过有意识地干预帮助学习者获得有助于新学习的心智模式，改变可能由以前的思维方式形成的偏见，这是很重要的。

对美国来说，这里主要关注的不仅是重新设计职前教育的重要性，更是教师持续进行专业学习的价值，这样他们和他们的学生才可以获得终身受益的技能。我们的模型认为专业学习是促进科学教与学的重要组成部分。教师从PBL团队的专业学习中获得的额外的情感支持和来自高等院校的支持，不仅有助于教师建立对研究人员的信任感，也有助于建立对参与学习新教学策略的其他同事的信任感。[11] 协商、合作和分享教学经验都是我们特意为专业学习设计的一部分，我们认为这些实践是成功实施科学教育改革的基础。[12]

建议3：教师教育应针对有志于成为教师的人和在职的教师，让他们不仅有机会获得科学实践的真实经历和经验，例如K–12框架、NGSS和芬兰核心课程中提到的相关内容，而且还应该扩展和提升他们的文化意识、问题解决能力、技术技能，以及与同事和科学教育研究人员合作的能力。

通过合作提高研究质量

我们认识到研究形势在不断变化,甚至在欧盟委员会(European Commission)发布保护机密性、登记研究、管理和归档数据的新标准之前,我们就决定在芬兰复制我们目前在美国的所有实践,包括数据的存储。[13] 结合我们美国和芬兰的数据集,我们依托大学间政治和社会研究联盟(Inter-university Consortium for Political and Social Research,ICPSR)使我们的数据可用于验证、重用、管理和保存。这些研究实践是确保我们开展高质量跨国学术研究的基础。

除了在芬兰和美国的实证研究工作中坚持高标准外,我们还为年轻科学家提供了合作机会,以分享各国的经验——在这一过程中,发展新的网络,并从不同的受众和全球专家那里得到对他们工作的有益批评。根据我们透明和开放获取的理念,即使是研究者还未在国际科学会议、研讨会和工作坊上发表的研究成果和科学成果,我们仍然会在研究人员内部分享。

我们相信,对高质量研究实践步骤的重申为我们的学生、同事也包括一线老师们树立了榜样,他们积极参与我们的研究工作、课程开发、数据收集,并在我们的工作中培训其他专业人员。作为社会科学家,我们有机会反思我们的假设和实践,并相互学习。我们合作中最关键、最令人印象深刻的部分之一就是对芬兰文化的逐步深入理解,我们很快就意识到这在美国是很难复制的。

芬兰经历过严重的饥荒、前所未有的移民和外国入侵,在大约一百年前才获得独立。芬兰革命的许多领导人都是教师,他们被视为英雄。这些早期的领导人认识到学习对于自主的自我反思选择的重要性。由于自然资源有限,芬兰的主要资源是它的人口,以及在这些条件下幸存下来的人力资本和面临挑战时的"sisu"(sisu,芬兰语,代表其独特民族身份的决心和坚持)。

根据最近的国际调查结果,芬兰人是世界上最幸福的人,但他们也面临着和其他国家相似的一些问题。与其他接纳多元化移民人口的国家一样,芬兰现在面临的任务是,在学生和可就业劳动力中融合培养具有不同价值观和技能的民众,同时对其医疗保健和其他社会服务的需求日益增加。尽管芬兰高度重视教师并相信他们能够为所有孩子提供优质教育,但教师本身也越来越多地表现出倦怠的迹象,表现为教师压力增加、旷工和无力工作。

然而，芬兰在处理教育问题时有一个截然不同的策略，这对美国和其他国家具有重要的意义。当一个问题出现时，它被视为每个人的问题，特别是在教育系统内。例如，在增加创新创业活动或改革科学实践的议题中，政府呼吁每个人都参与提出合理的解决方案；并将教师纳入改革过程，创造出教师愿意尝试的替代方案。芬兰教师愿意调整他们的科学标准，选用更加注重实践导向的教学策略，或者举办全国竞赛以激发可以提高学生学习的技术创新。这也许就是最好的例证。

美国对芬兰特别有帮助的一点是强调向所有学生提供教育机会的重要性，包括那些具有不同文化背景和新移民的学生，尤其是在芬兰学龄人口在经济和文化上变得更加多样化的时候。NGSS 的附录 D 重点介绍了为经济困难学生、主要的少数族裔学生、有特殊需要学生、英语水平有限的学生、两性学生、天赋异禀的学生，以及参加其他课程的学生制定的有效策略。为使所有学生都有公平的学习机会，NGSS 建议教师重视和尊重所有学生的文化差异，将学生的文化和语言知识与学科知识相结合，并提供足够的学校资源来支持学生的学习。[14] 我们支持 NGSS 的建议，并根据学生不同的文化背景特意创建了 PBL 学习体验，旨在让所有学生都有多重体验。

我们生活在一个越来越小的世界，我们需要相互学习。PBL 提供了一种机制，通过这种机制，我们可以在一个实质性的研究项目中共同参与，这在很多方面反映了 K–12 框架、NGSS 和芬兰课程中强调的概念。从我们的芬兰邻居那里，我们更多地了解到教师的专业精神，以及保持他们的自主权和承认他们的专业知识的必要性。美国学者最早提出了 PBL 的设计要素。我们一起重塑了科学学习改革可以实现的目标。我们的工作是协同的、合作的和共享的，这就是为什么这本书是我们四位研究人员以及我们的学生、博士后研究员和合作教师的共同工作成果。相对而言，他们更加强调合作课程开发，参与 PBL 的芬兰教师也报告说，他们发现这些经验对磨炼自己的技能和与其他教师分享他们的经验是有用的。通过这些努力，结合研究团队在国内外多个科学专业会议上的展示，一个新的 PBL 学习共同体正在美国、芬兰和其他对实施 PBL 单元感兴趣的国家中兴起。[15]

> 建议 4：要推进科学教育中高质量的科学学术研究，使其具有全球影响力，我们需要加强与其他国际学者的联系并建立沟通的桥梁，以严谨的方法探索重要问题，并提出指向政策的且基于证据的主张。

科学教育是个人和社会的共同义务

　　科学学习是一个社会问题，我们不仅应在化学和物理的背景下思考科学素养，更要从科学素养的角度思考科学素养，也就是说，不仅是基于特定领域的知识体系，更是基于一种共同信念——科学对于我们了解世界的价值。我们还需要通过参与科学实践的"做"来了解科学家是如何工作的。

　　长期以来，我们一直忽视科学素养，但我们很快就意识到科技正在成为我们日常体验中越来越重要的一部分，无论是现在通过操作自动驾驶汽车与科技交互，还是未来购买前往火星的宇宙飞船的座席。有了这些全新的生活方式，那么，对人们来说，试图理解我们所生活的这个复杂多变的世界意味着什么？美国国家科学、工程和医学院（National Academies of Sciences, Engineering, and Medicine）最近发布了一份关于当今科学素养意味着什么的新报告。[16] 他们定义了科学素养的各个方面：内容和认识论知识；语言、数学和健康；理解科学实践并认识到科学是一个社会过程；判断科学专业知识、性格、思维方式和信息处理方式。该机构的一个重要建议是，科学素养需要从一个结构性的社会框架来理解，在这个框架中，学校和其他机构可能会增强或限制个人获取科学素养的机会，社会和社区必须承担起超越个人的科学素养责任。例如，帮助个体识别不利于健康的水过滤系统，并认识到其对个人和更大社区福祉的影响。

　　科学学习不能只是严格要求学校，父母和社区也发挥着重要作用。在家庭中，我们必须强调更加积极地理解我们周围世界运转的原因和方式的重要性。学习科学知识和技能意味着与他人合作，将有用的知识带入情境中，使用科学实践来回答多学科问题。

　　关于社区如何履行这一责任的一个有趣的例子来自赫尔辛基大学的协作科学教育中心（Collaborative Science Education Centre）。[17] 该中心成立于2003年，提供从幼儿教育到高等教育的科学课程。家长们可以带孩子到该中心参与结合人文（包括艺术）、数学和自然科学的跨学科创新教育体验。该中心与私营企业、赫尔辛基市政府和附近的市政府合作，强调学习科学环境和不同的学习方法，提供教学材料，并通过博士生为学前班的学生提供课程。超过50万名儿童、青年、家庭成员、教师和有志于成为教师的人通过线下和线上的形式参与了基于研究的科学教育新方法的创建和推广。该中心还为学校建立了科学实验室，并赞助了科学俱乐部、科学探险和夏令营，利用这些场所鼓励学生积极学习科学知识，提升基础素养。该中心还为教师教育开发了新的课程，职前教师和在职教师可以一起学习和研究。该中心的目标是承担大学提升科学素养的"社会角色"。美国国家科学院关于科学素养的许多建议在这个中心得到了广泛的实际应用——正如我们的美国团队在多次访问时看到的那样。

学生获得科学知识的最佳方式是处于一个支持社会和情感学习的环境中。今天的生活发生在社会系统中，无论是在家里还是在工作场所。我们现在对如何创造积极的学习环境有了很多了解，很明显，未来的难题需要通过合作、协同、倾听其他人的观点，共同找出解释和解决方案。这些积极的学习环境包括支持科学学习的所有组成部分：能激发和维持学生兴趣的有意义的问题；通过科学实践获得的新技能和发展知识；能增强成功感、自信心、对想法和解决方案的自豪感的挑战水平和参与度水平。

建议5：为了让科学改革能够惠及每个人，其实施应该让学生、老师、家长以及我们整个共享的全球共同体参与进来。

未来几年，世界将面临许多艰巨的挑战。因为今天的挑战不一定是明天的挑战，我们需要将来能够成为富有想象力的问题解决者、能设想和创造创新的解决方案的学生。如果我们不认真改变我们的科学教学方式，尤其是在高中，我们的期望就难以实现。我们需要学生在离开学校的时候为理解科学问题做好准备，并采取必要的行动来宣传科学学习对于找到解决新老问题方法的重要性、价值和必要性，无论他们是作为科学家还是作为公民。PBL是一种具有悠久历史的教学方法，它与国际上关于如何改变学校科学教与学的建议紧密契合。我们的研究表明了它的前景，而我们正致力于进一步测试它的效果。

注　释

1. 参见施奈德（Schneider）等的《调查最佳学习时刻》(Investigating Optimal Learning Moments)。关于社会和情感学习的价值及其对学校教育教学实践和政策潜在影响的进一步解释，参见琼斯（Jones）和杜利特尔（Doolittle）的《社会与情感学习》(Social and Emotional Learning)；另见耶格尔（Yeager）的《青少年的社会与情感学习计划》(Social and Emotional Learning Programs for Adolescents)。耶格尔（Yeager）对为此目的而设计的计划持保留态度，相反，他支持这样一种观点，即这些行为可能最好是在创造良好的学习环境中培养出来的"帮助青少年更成功地应对挑战的气候和心态。"在这种情况下，"证据不仅令人鼓舞"，而且学校和教师也可以采取行动（89）。

2. 参见布兰斯福德（Bransford）、布朗（Brown）和科金（cocking）的《人是如何学习的》(How People Learn)，以及美国国家科学、工程和医学院的《人是如何学习的Ⅱ》(How People Learn II)。

3. 参见施奈德（Schneider）等的《调查最佳学习时刻》(Investigating Optimal Learning Moments)。

4. 参见萨尔梅拉–阿罗（Salmela-Aro）和乌帕迪亚（Upadyaya）的《学校倦怠和参与度》(School Burnout and Engagement)。

5. 有关PBL这些特性的更多信息，请参见第1章和第2章。

6. 布里克（Bryk）等的《学习改进》(Learning to Improve)。

7. 为了获得进入教室的合作，我们会见了地区和学校领导以及科学学科教学主任。我们工作中最值得肯定的一个方面是他们对PBL的热情，他们的合作和对更多教师参与的期望，以及对开发额外单元的期待。他们也愿意分享额外的行政记录，我们可以在数据分析中使用这些记录。芬兰的情况也是如此，那里不仅教师和校长愿意合作，而且教育部也对我们的研究工作及后续研究规模的扩大感到兴奋。

8. 我们强调建立基于设计原则的学习系统的重要性。关于什么构成基于设计的实施研究的进一步解释，请参见菲什曼（Fishman）等的《基于设计的实施研究》(Design-Based Implementation Research)。

9. 参见芬兰教育和文化部（FMEC）颁布的《教师职前和在职教育发展计划》(Development Programme for Teachers' Pre-and In-Service Education)。另见拉沃宁

（Lavonen）的《芬兰教师专业教育》（Educating Professional Teachers in Finland）。

10. 参见TeachingWorks网站的《德博拉·勒文贝格·鲍尔——引导》（Deborah Lowenberg Ball—Director）。

11. 几个PBL单元已经提交到Achieve网站的教学材料审查。这个教育工作者团队评估教学产品的质量，旨在确定符合NGSS（和州共同核心标准CCSS）的高质量材料。科瑞柴科及其同事设计的几个单元已经过评估，发现它们最能说明NGSS的认知需求。参见www.achieve.org。

12. 见科布（Cobb）等的《教学改进系统》（Systems for Instructional Improvement），虽然它是以中学数学为基础编写的，但它的许多建议重申了我们的专业学习方法。

13. 见欧洲科学院联盟（ALLEA）发布的《欧洲研究诚信行为准则》（European Code of Conduct for Research Integrity），该准则规定了"地平线2020"资助项目的研究诚信标准。["地平线2020"是欧盟的研究和创新计划，有望实现突破和发现，将想法从实验室推向市场；参见欧盟委员会的《地平线2020：2016—2017年工作计划　欧盟委员会决定》]（Horizon 2020: Work Programme 2016—2017, European Commission Decision）。

14. 见NGSS牵头州的《新一代科学教育标准》，另见李（Lee）和巴克斯顿（Buxton）的《科学教育的多样性和公平》（Diversity and Equity in Science Education）。

15. 近十年前，Achieve网站发表了一份基于对十套国际科学标准审查的报告，以期为新的美国科学标准框架提供信息。报告名为《国际科学基准报告》（International Science Benchmarking Report），该报告强调了各国在知识和技能方面的差异，并为NRC报告、NGSS、其他国家出现的新标准奠定了基础。Achieve、OECD，芬兰和其他国家的工作确实掀起了一场科学改革的浪潮。未来几年的工作将是开发课程材料、体验活动和评估工具，以确保学生是在实实在在地做科学。PBL为科学改革的下一阶段提供了蓝图，包括智利、中国和以色列在内的几个国家已经就我们的中学单元与我们的团队进行了接触。

16. 见斯诺（Snow）和迪布纳（Dibner）的《科学素养》（Science Literacy）。

17. 见阿克塞拉（Aksela）、奥伊科宁（Oikkonen）和哈洛宁（Halonen）的《协作科学教育》（Collaborative Science Education）。

附录 A
在科学学习环境中促进学生参与的研究

由美国国家科学基金会和芬兰科学院资助的"在科学学习环境中促进学生参与"（Crafting Engagement in Science Environments, CESE）的研究是密歇根州立大学和赫尔辛基大学的研究人员合作的一个项目，旨在提高学生在高中物理和化学课上的参与度和学业成就。对科学、技术、工程和数学（STEM）的兴趣、学业成就和职业追求的下降，已经成为教育工作者、政策制定者和公众关注的一个全球性问题，促使人们采取一些措施来改进科学学习和教学。《K-12科学教育框架》和《新一代科学教育标准》（NGSS）两份有影响力的文件呼吁对美国教育系统中的科学的教与学进行重大改革。这两份文件强调了培养学生对科学概念和科学实践的深刻理解的重要性，而不是鼓励学生死记硬背零散的科学事实。

这种对科学能力培养的新理念、倡导学生通过三维学习来理解各种现象并找到解决问题的方法，三维学习包括（1）学科核心概念，（2）科学与工程实践，（3）跨学科概念。跨学科概念是指适用于不同科学领域的概念。芬兰也做了类似的工作，制定了在重点和内容上与美国相似的指导方针。

CESE的目标是帮助学校和教师通过项目式学习（PBL）来实现三维学习目标，以满足NGSS的要求。我们的国际研究团队正在与美国和芬兰的教师合作，开发PBL单元，并测试它们对学生的科学学业成就、社会性及情感性学习的影响。美国团队在密歇根州的高中实地测试了3个物理单元和3个化学单元（包括单元评估和教学材料）。参与的教师得到了持续的专业学习和技术支持，以实施和完善该干预措施。芬兰的学校也使用了来自美国的PBL材料，并对十几位参加过美国专业发展活动的中学教师测试了其影响。通过在其他几个国家付出的努力和工作，CESE致力于打造一个专业的国际科学学习社区。

为了测量学生的参与度以及社会和情感状态，我们的项目采用了经验取样法（experience sampling method, ESM），我们在智能手机上安装了开源应用程序，专门用于捕捉学生在特定时刻的行为以及他们的感受。学生们在一天中多次被提示，并被要求回答关于他们在哪里、在做什么、和谁在一起的简短问题，以及一些他们在被提示时刻的感受等问题。参与该项目的科学教师与他们的学生同时回答自己的 ESM 问题，教师和学生都完成关于他们的态度、背景和职业目标的调查。课堂观察、视频数据和学生作品也被收集起来，以衡量实施的保真度，并通过前后测来评估学生的科学学习情况。

  本项目的独特的关注点是将高质量的科学教学带到以来自低收入家庭和少数民族学生为主的学校。因此，未来的评估工作将同时考虑干预的平均效果和对学生分组的不同影响。CESE 已经与 20 所学校的 50 多名教师合作，为 1400 多名学生服务，其中超过三分之一的学生来自低收入家庭和少数民族。该项目已发表了几篇重要的论文和演讲，OECD 正在制定 PBL 单元，以便将其作为创造力教学发展的新倡议的一部分进行推广。我们的所有数据都在大学政治和社会研究联合会（Inter-university Consortium for Political and Social Research, ICPSR）存档，并可用于进一步研究和复制。这个项目的数据将在 doi.org/10.3886/e100380v1 上提供。

附录 B
"力与运动"项目单元介绍

单元驱动性问题：如何设计一辆在碰撞时让乘客更安全的汽车？

基于 NGSS 的学生表现期望：

HS-PS2-1：通过分析数据，论证牛顿第二定律是如何描述宏观物体所受的合外力、物体质量与加速度之间的数学关系的。

HS-PS2-3：应用科学和工程概念设计、评估和改进设备，使宏观物体在碰撞时所受的力最小。

问题	现象	科学与工程实践	学科核心概念、跨学科概念	三维学习表现目标
1.1 车辆在碰撞过程中发生了什么？	两个物体相撞	提出问题和定义问题	不同的物体碰撞时速度和力之间关系的差异 因果关系	找出两个物体碰撞的速度和力之间的关系，并初步建立速度和力关系的模型

课程描述：教师提出驱动性问题，并解释设计一辆在碰撞时尽可能安全的车辆会遇到的挑战。学生产生问题"为了回答驱动性问题需要哪些额外的信息？"，接着学生观看一系列两个物体相撞的视频，并识别视频中展示出来的重要概念。最后，学生使用玩具小车模拟汽车碰撞，构建碰撞时，汽车的尺寸和速度之间的初始关系模型。

1.2 车辆碰撞过程中影响力的变量是什么？	两个物体相撞	分析和解释数据 计划和实施探究	物体所受的力与质量和速度之间的关系 因果关系	通过设计并实施调查研究来确定碰撞中质量和加速度之间的关系

课程描述：学生通过头脑风暴给出影响碰撞的变量。接着学生合作完成探究，使用坡道、各种质量的推车（放在推车上不同数量的螺栓）和木块来探究碰撞过程中不同变量（力、质量和加速度）之间的关系。

续表

问题	现象	科学与工程实践	学科核心概念、跨学科概念	三维学习表现目标
1.3 我们如何使用一个模型来解释碰撞时不同变量之间的关系？	汽车与木块相撞	分析数据 运用数学和计算思维	当一个物体的质量或加速度增加时，表明它所受的力增加了（牛顿第二定律） 系统和系统模型	使用数学和计算思维来分析数据，通过构建力、质量和加速度之间的关系图像表示来分析数据；利用证据开发能够解释力、质量和加速度之间关系的初始模型

课程描述：学生将使用上一节课探究得到的数据来创建能够表示变量之间关系的图像。这节课将讨论他们的数据的精密度、准确度，以及如何提高他们结果的有效性（通过控制更多的变量）。学生们将利用他们的数据建立一个模型来回答在碰撞中，质量和加速度是如何影响作用力的。

问题	现象	科学与工程实践	学科核心概念、跨学科概念	三维学习表现目标
1.4 如何建构一个可以解释物体碰撞的模型？	汽车与木块相撞	建构模型	当一个物体的质量或加速度发生变化时，表明它碰撞时所受的作用力发生了改变 系统和系统模型	建构一个交互模型，来解释碰撞时车辆所受作用力与物体的质量或速度、加速度之间的关系

课程描述：学生将使用一个名为 SageModeler 的交互式电子模型工具来构建可以解释碰撞时车辆所受的力与物体的质量或速度、加速度之间关系的交互模型。学生通过不断地模拟更好地理解这个项目。学生也将讨论不同的模型在呈现数据时各自的优势。

问题	现象	科学与工程实践	学科核心概念、跨学科概念	三维学习表现目标
1.5 如何使物体在碰撞过程中所受的作用力最小化？	扔水球	构建解释和设计解决方案	当力在较长时间内施加于物体时，它在作用于物体的瞬间是最小的 因果关系	通过扔水球来探究作用力的大小和碰撞持续时间之间的关系

课程描述：学生将通过扔水球来探究作用力的大小和碰撞持续时间之间的关系。学生将参加扔水球比赛，然后观看慢动作视频，建构模型来解释碰撞过程中发生了什么。

问题	现象	科学与工程实践	学科核心概念、跨学科概念	三维学习表现目标
1.6 如何建构解释水球探究的模型？	冲量和各变量之间的关系	构建解释和设计解决方案 运用数学和计算思维	在碰撞过程中，物体的速度或加速度的变化会改变作用力的大小 系统和系统模型	使用 SageModeler 工具来修改模型，对碰撞时所受的作用力和碰撞中物体的停止速度或减速速度之间的关系进行解释

课程描述：学生将使用 SageModeler 工具修改他们的早期模型，来解释碰撞时所受的作用力和碰撞中物体的停止速度或减速速度之间的关系。学生们将互相分享模型，并向其他小组提供反馈。

续表

问题	现象	科学与工程实践	学科核心概念、跨学科概念	三维学习表现目标
1.7 手推车的设计会如何影响其安全性?	汽车与木块相撞	计划和实施探究	不同的材料可以改变碰撞时物体的停止速度或减速速度 因果关系	计划和实施探究,以探究不同的材料放置在手推车上对碰撞时所受作用力的影响

课程描述:学生通过探究和观察不同的材料放置在小车前方对碰撞时小车所受作用力的影响,将扔水球的课程与最初的关于力的探究结合起来。

| 1.8 我怎样才能设计出尽可能安全的车辆? | 有"乘客"(一个鸡蛋)的车辆 | 构建解释和设计解决方案 | 设计解决方案的标准和限制,以减小碰撞时所受的作用力 结构和功能 | 设计安全装置,以尽量减少碰撞时力对车辆造成的损害 |

课程描述:学生将通过头脑风暴使用相应的材料,并基于一些限制约束来改进汽车,以尽量减少碰撞时车上鸡蛋所受的作用力。学生将设计解决方案来改变车辆的组成或设计,比如添加黏土或橡皮泥,或者在汽车尾部添加某种降落伞。学生将绘出一个设计草图,然后开始建造他们的安全装置。

| 1.9 如何修改车辆设计,使其尽可能安全? | 车辆与"乘客"(一个鸡蛋)的碰撞 | 构建解释和设计解决方案 | 不同解决方案的组合可以改变碰撞时物体的速度或加速度 模式 | 以数据作为证据来修改安全设备的设计,以尽量减少对车辆的损害 |

课程描述:学生将完成他们的小车/安全装置的设计,并测试他们修改后的小车。学生将在必要时进行修改,并添加到他们的草图/模型中。

| 1.10 力、运动与车辆安全之间的关系是什么? | 车辆碰撞 | 建构解释交流信息 | 力、运动、加速度和车辆安全之间的关系 因果关系 | 使用模型和探究得到的数据来解释力、运动、加速度和车辆安全之间的关系 |

课程描述:通过这个子问题引发学生之间讨论汽车安全和牛顿第二定律之间的关系。学生们将分享项目作品,进行与课程相关的个人反思,以小组汇报展示的形式分享他们的设计(使用的模型、设计草图和制作的汽车)。

附录 C
ESM 调查问卷题目

学生 ESM 调查问卷

（一）一般性问题

1. 当你收到本调查问卷时，你在哪里？
    a. 科学课上
        i. 物理课上
        ii. 化学课上
        iii. 生物课上
        iv. 其他课上
    b. 数学课上
    c. 英语 / 母语语言艺术课上（限芬兰学生）
    d. 社会研究课上
    e. 外语课上
    f. 其他未列出的课程的课堂上
    g. 在学校但不在课堂上
    h. 休息（限芬兰学生）
    i. 校外
2. 当你收到本调查问卷时，你在干什么？（如果 Q1 学生回答了 a~g）
    a. 倾听
    b. 讨论
    c. 写作
    d. 计算

e. 参加一个测验 / 考试

f. 在电脑前工作

g. 在小组中工作

h. 在实验室工作

i. 汇报展示

j. 其他

3. 当你收到本调查问卷时，以下哪几项能恰当地描述你在科学课中做的事情？选择所有符合的选项（如果是 Q1=a）

a. 提出问题

b. 定义问题

c. 建构模型

d. 计划调查

e. 实施调查

f. 分析数据

g. 解释数据

h. 解决问题

i. 构建解释

j. 设计解决方案

k. 使用证据进行论证

l. 交流信息

m. 其他

4. 当你收到本调查问卷时，你正在科学课上学什么内容？（如果是 Q1 学生选择了 a）［开放式］

5. 当你收到本调查问卷时，你正在和谁在一起？

a. 老师

b. 同学

c. 老师和同学

d. 朋友

e. 其他学生

f. 亲戚

g. 自己一个人

h. 其他人

6. 你参加核心活动的原因是 _____。［想参加；不得不这么做；没有其他事情可做］

7. 你正在做的事情 _____。［更像学校的任务；更像在快乐地玩耍；两者都是；两者都不是］

（二）你对核心活动的感受如何？

（4点量表：完全没有——非常）

8. 你对自己正在做的事情感兴趣吗？
9. 你对自己正在做的事情很熟练吗？
10. 你认为自己正在做的事情充满了挑战吗？
11. 你想放弃吗？
12. 你集中了自己的全部精力？
13. 你喜欢你所做的事情吗？
14. 你觉得自己掌控了你正在做的事情吗？
15. 你成功了吗？

（三）你对核心活动的感受如何？

（4点量表：完全没有——非常）

16. 这个活动对你很重要吗？
17. 这个活动对你未来的目标/计划重要吗？
18. 你达到了别人的期望吗？
19. 你达到了自己的期望吗？
20. 当你全神贯注于自己所做的事情时，你感觉时间过得很快吗？
21. 你有多大决心要完成这项任务？
22. 在完成活动……时，我运用了我的想象力。
23. 在完成活动……时，我用了多个可能的方案解决了问题。
24. 在完成活动……时，我探索了有关这个问题/主题的不同观点。
25. 在完成活动……时，我必须与其他学科建立联系。

（四）你对核心活动的感受如何？

（4 点量表：完全没有——非常）

26. 你感到快乐吗？
27. 你感到兴奋吗？
28. 你感到焦虑吗？
29. 你感受到了竞争吗？
30. 你感到孤独吗？
31. 你感到压力吗？
32. 你感到自豪吗？
33. 你感受到了合作吗？
34. 你感到无聊吗？
35. 你感到自信吗？
36. 你感到困惑吗？
37. 你感觉自己活跃吗？

教师 ESM 调查问卷

1. 当你收到本调查问卷时，你强调了哪些科学实践？（选择所有符合的选项）

    a. 提出问题

    b. 定义问题

    c. 建构模型

    d. 计划调查

    e. 实施调查

    f. 分析数据

    g. 解释数据

    h. 解决问题

    i. 构建解释

    j. 设计解决方案

    k. 使用证据进行论证

l. 交流信息

m. 其他

2. 当你收到本调查问卷时，学生正在从事哪些科学活动？

   a. 倾听

   b. 讨论

   c. 写作

   d. 计算

   e. 参加一个测验/考试

   f. 在电脑前工作

   g. 在小组工作

   h. 实验室工作

   i. 展示

   j. 其他

3. 你对核心活动感觉怎么样？（4点量表：完全没有——非常）

   a. 你感到快乐吗？

   b. 你感到兴奋吗？

   c. 你感到焦虑吗？

   d. 你感到有竞争压力吗？

   e. 你感到孤独吗？

   f. 你感到压力吗？

   g. 你感到自豪吗？

   h. 你感受到了合作吗？

   i. 你感到无聊吗？

   j. 你感到自信吗？

   k. 你感到困惑吗？

   l. 你感觉自己活跃吗？

4. 你对自己正在做的事情感兴趣吗？

5. 你对自己正在做的事情很熟练吗？

6. 你认为自己正在做的事情充满了挑战吗？

附录 D
单案例设计

许多在学校开展的 ESM 研究都侧重于描述学生的现场体验,使研究者能够比较学生是如何体验不同的情境或活动的。[1] 但是,如果我们不仅仅想描述学生的体验,而是想评估不同的情境体验对学生的影响,我们就需要设计实验,允许我们在教学干预和其他情况之间进行比较。尽管传统的随机实验和单独的实验组和控制组是进行这种比较的理想选择,但在教室中检测干预效果需要一个大型的、随机化的分组实验。[2] ESM 研究已经带来了相当大的成本和后勤方面的挑战,使得执行这样的大型实验对我们来说有些不切实际。例如,一个研究团队需要数百部智能手机和一个庞大的管理团队,以便从实验组和对照组中收集 ESM 数据,检测效果。

我们的研究试图将 ESM 与单一案例设计相结合来克服挑战,以测试高中化学 PBL 和高中物理 PBL 对学生学习效果的影响。[3] 在我们的设计中,教师在他们的常规教学(基线)和项目单元(实验)之间交替进行。这种方法被称为反转设计或 ABAB 设计,它通过重复复制某一效果,将每个教室作为自己的实验对照。[4] 换句话说,在基线(A)阶段,当教师在"一切照旧"的教学中,我们期望看到学生的参与度、相关性或想象力水平比在实验(B)阶段更低。展现基线阶段和实验阶段之间水平的预期变化,以及在教室中复制这种模式,使我们能够推断干预的效果。

在单案例设计的每个阶段,学生在科学课上每天接收三次 ESM 调查问卷,持续三天,学生还会在科学课剩下的时间里每天随机收到五次调查问卷。每次学生收到调查问卷时,他们都会回答一些问题,如收到调查问卷时他们在做什么、在哪里、和谁在一起,以及一些要求他们评价自己的影响和经历的问题。在每个科学教室里,所有的学生都同时被要求回答 ESM 调查问卷,以便给我们提供更多关于每个时刻发生的事情的信息,并尽量减少课堂干扰。

分析单案例设计的一种常见方法是将每个案例的数据绘制成图表，直观地检查基线阶段和实验阶段之间的变化。[5] 视觉分析在只有少数案例的研究中是很有用的，但是当一个研究中有许多案例时，可以利用统计技术综合分析结果，我们的研究就是这样。[6] 由于重复测量被嵌套在学生身上，而学生又被嵌套在教室里，因此需要使用如结构方程模型（SEM）或多层线性模型（HLMs）的统计技术来准确估计效果。[7]

例如，为了评估 PBL 干预对学生想象思维的影响，如第 4 章中报告的结果，我们使用了一个 HLM 模型，将个人的 ESM 结果（第一层）嵌套在学生（第二层）中，我们还可以将学生嵌套在他们的教室里（第三层）。

第一层——ESM 结果

$$Y_{tij} = \beta_{0ij} + \beta_{1ij}T_{tij} + \beta_{2ij}X_{tij} + \varepsilon_{tij}$$

第二层——学生

$$\beta_{0ij} = \gamma_{00j} + \gamma_{01j}Z_{ij} + \upsilon_{0ij}$$
$$\beta_{1ij} = \gamma_{10j}$$
$$\beta_{2ij} = \gamma_{20j}$$

第三层——教室

$$\gamma_{00j} = \delta_{000} + \delta_{001}W_j + \eta_{00j}$$
$$\gamma_{10j} = \delta_{100}$$
$$\gamma_{20j} = \delta_{200}$$

Y_{tij} 是时间 t 时学生 i 在教室 j 的瞬间反应。T_{tij} 是一个二元指标，表示该时刻是在基线教学期间还是在 PBL 实验期间发生的。系数 β_{1ij} 包含了与常规教学相比 PBL 的整体实验效果的估计值。X_{tij} 是一系列时刻层面的协变量，可以解释学生体验的变化，如活动或科学实践。在第二层，即学生层面，Z_{ij} 是一个可以解释结果变化的学生特征向量，如性别、种族或民族，或对科学的初始兴趣。同样，W_j 代表一系列教室层面的特征，如教师的经验或特定的科学课程（物理或化学）。在测试单案例设计时，T_{tij} 将被几个指标重新替代，以将每个阶段与前一个阶段进行比较，从而使我们能够看到社会和情感变量在每个阶段之间的变化。[8]

单案例设计对于我们研究的第一阶段来说是足够的，但我们的目标是在美国和芬兰的高中化学和物理课堂上彻底测试 PBL。到目前为止，我们的研究结果发现 PBL 是有效的，但我们认识到，如果 PBL 要被广泛采用，我们对其效果的测试必须符合更严格的证据标准。因此，在未来两年的研究中，我们将扩大规模，进行一项包括数十所学校和数千名学生的大型随机分组实验。通过这项更大规模的研究，我们不仅能够评估 PBL 的整体影响，而且还能够评估 PBL 对性别、种族或民族等子群体影响的差异。

注释

1. 关于 ESM 研究的潜在用途的更全面描述，见希瑟（Hektner）、施密特（Schmidt）和契克森米哈（Csikszentmihalyi）的《经验采样法》（*Experience Sampling Method*）。
2. 见布卢姆（Bloom）的《随机分组》（*Randomizing Groups*）。
3. 见肯尼迪（Kennedy）的《单案例设计》（*Single-Case Designs*）；克劳托奇维尔（Kratochwill）的《单学科研究》（*Single Subject Research*）；克劳托奇维尔（Kratochwill）和莱文（Levin）的《引言》（*Introduction*）。
4. 见霍纳（Horner）和奥多姆（Odom）的《构建单案例研究设计》（*Constructing Single-Case Research Designs*）。
5. 见莱恩（Lane）和加斯特（Gast）的《视觉分析》（*Visual Analysis*）。
6. 见白（Baek）等的《使用多层次分析》（*Use of Multilevel Analysis*）。
7. 见穆滕（Muthén）和穆滕（Muthén）的《Mplus 用户指南》（*Mplus User's Guide*）；劳登布什（Raudenbush）和布雷克（Bryk）的《多层线性模型》（*Hierarchical Linear Models*）。
8. 见林德斯科普夫（Rindskopf）和费伦（Ferron）的《使用多层次模型》（*Using Multilevel Models*）。

参考文献

Achieve. *International Science Benchmarking Report: Taking the Lead in Science Education; Forging Next-Generation Science Standards.* Washington, DC: Achieve, Inc., September 2010.

Akscla, Maija, Juha Oikkonen, and Julia Halonen, eds. *Collaborative Science Education at the University of Helsinki since 2003: New Solutions and Pedagogical Innovations for Teaching from Early Childhood Education to Universities.* Helsinki: University of Helsinki, 2018.

ALLEA (All European Academies). *European Code of Conduct for Research Integrity.* Berlin: ALLEA, 2017.

Atkin, J. Myron, and Paul Black. "History of Science Curriculum Reform in the United States and the United Kingdom." In *Handbook of Research on Science Education,* edited by Sandra K. Abell and Norman G. Lederman, 781–806. New Jersey: Lawrence Erlbaum, 2007.

———. *Inside Science Education Reform: A History of Curricular and Policy Change.* New York: Teachers College Press, 2003.

Baek, Eun Kyeng, Mariola Moeyaert, Merlande Petit-Bois, S. Natasha Beretvas, Wim Van den Noortgate, and John M. Ferron. "The Use of Multilevel Analysis for Integrating Single-Case Experimental Design Results within a Study and across Studies." *Neuropsychological Rehabilitation* 24, nos. 3–4 (2014): 590–606.

Bell, Stephanie. "Project-Based Learning for the 21st Century: Skills for the Future." *Clearing House* 83, no. 2 (2010): 39–43.

———. "Using Digital Modeling Tools and Curriculum Materials to Support Students' Modeling Practice." Paper presented at the annual meeting of the American Educational Research Association, San Antonio, TX, April/May 2017.

Bielik, Tom, Daniel Damelin, and Joseph Krajcik. "Why Do Fishermen Need Forests?

Developing a Project-Based Learning Unit with an Engaging Driving Question." *Science Scope* 41, no. 6 (2018): 64–72.

Bielik, Tom, Kellie Finnie, Deborah Peek-Brown, Christopher Klager, Israel Touitou, Barbara Schneider, and Joseph Krajcik. "High School Teachers' Perspectives on Shifting towards Teaching NGSS-Aligned Project-Based Learning Curricular Units." Paper presented at the annual meeting of the American Educational Research Association, San Antonio, TX, April/May 2017.

Bielik, Tom, Israel Touitou, and Joseph Krajcik. "Crafting Assessments for Measuring Student Learning in Project-Based Science." Paper presented at the annual meeting of NARST, Atlanta, GA, March 2018.

Blackwell, Lisa, Kali Trzesniewski, and Carol Dweck. "Implicit Theories of Intelligence Predict Achievement across an Adolescent Transition: A Longitudinal Study and an Intervention." *Child Development* 78, no. 1 (January/February 2007): 246–263.

Bloom, Howard S. "Randomizing Groups to Evaluate Place-Based Programs." In *Learning More from Social Experiments: Evolving Analytic Approaches,* edited by Howard S. Bloom, 115–172. New York: Russell Sage, 2005.

Blumenfeld, Phyllis C., Elliott Soloway, Ronald W. Marx, Joseph S. Krajcik, Mark Guzdial, and Annemarie Palincsar. "Motivating Project-Based Learning: Sustaining the Doing, Supporting the Learning." *Educational Psychologist* 26, nos. 3–4 (1991): 369–398.

Boss, Suzie, with John Larmer. *Project Based Teaching: How to Create Rigorous and Engaging Learning Experiences.* Alexandria, VA: ASCD, 2018.

Bransford, John, Ann Brown, and Rodney Cocking. *How People Learn: Brain, Mind, Experience, and School.* Expanded edition. Washington, DC: National Academies Press, 2000.

Bryk, Anthony S. "Support a Science of Performance Improvement." *Phi Delta Kappan* (April 2009): 597–600.

Bryk, Anthony S., Louis Gomez, Alicia Grunow, and Paul LeMahieu. *Learning to Improve: How America's Schools Can Get Better at Getting Better.*

Cambridge, MA: Harvard University Press, 2015.

Bryk, Anthony S., and Barbara Schneider. *Trust in Schools: A Core Resource for Improvement.* New York: Russell Sage Foundation, 2002.

Cheung, Alan, Robert E. Slavin, Cynthia Lake, and Elizabeth Kim. "Effective Secondary Science Programs: A Best-Evidence Synthesis." *Journal of Research in Science Teaching* 54, no. 1 (2016): 1-24. doi:10.1002/tea.21338.

Chopyak, Christine, and Rodger Bybee. *Instructional Materials and Implementation of Next Generation Science Standards: Demand, Supply, and Strategic Opportunities.* New York: Carnegie Corporation of New York, 2017.

Chow, Angela, and Katariina Salmela-Aro. "Task Values across Subject Domains: A Gender Comparison Using a Person-Centered Approach." *International Journal of Behavioral Development* 35, no. 3 (May 2011): 202–209. doi:10.1177/0165025411398184.

Cobb, Paul, Kara Jackson, Erin Henrick, Thomas M. Smith, and the MIST Team. *Systems for Instructional Improvement: Creating Coherence from the Classroom to the District Office.* Cambridge, MA: Harvard University Press, 2018.

Condliffe, Barbara, Janet Quint, Mary Visher, Michael Bangser, Sonia Drohojowska, Larissa Saco, and Elizabeth Nelson. "Project-Based Learning: A Literature Review." Working paper, MDRC, New York, 2017.

Corso, Michael J., Matthew J. Bundick, Russell J. Quaglia, and Dawn E. Haywood. "Where Student, Teacher, and Content Meet: Student Engagement in the Secondary School Classroom." *American Secondary Education* 41, no. 3 (Fall 2013): 50–61.

Csikszentmihalyi, Mihaly. *Flow: The Psychology of Optimal Experience.* New York: Harper Perennial, 1990.

Csikszentmihalyi, Mihaly, and Barbara Schneider. *Becoming Adult: How Teenagers Prepare for the World of Work.* New York: Basic Books, 2000.

Damelin, Daniel, Joseph Krajcik, Cynthia McIntyre, and Tom Bielik. "Students Making System Models: An Accessible Approach." *Science Scope* 40, no. 5

(2017): 78–82.

Darling-Hammond, Linda, and Ann Lieberman, eds. *Teacher Education around the World: Changing Policies and Practices.* New York: Routledge, 2012.

Design-Based Research Collective. "Design-Based Research: An Emerging Paradigm for Educational Inquiry." *Educational Researcher* 32, no. 1 (2002): 5–8.

Dewey, John. *Experience and Education.* New York: McMillan, 1938.

———. *School and Society.* Chicago: University of Chicago Press, 1907.

Dewey, John, and Albion Woodbury Small. *My Pedagogic Creed: No. 25.* New York: E. L. Kellogg & Company, 1897.

Duckworth, Angela. *Grit: The Power of Passion and Perseverance.* New York: Simon & Schuster, 2016.

Dumont, Hanna, David Istance, and Francisco Benavides, eds. *The Nature of Learning Using Research to Inspire Practice.* Paris: OECD Publishing, 2010.

Dweck, Carol. *Mindset: The New Psychology of Success.* New York: Random House, 2006.

Edelson, Daniel C., and Brian J. Reiser. "Making Authentic Practices Accessible to Learners:Design Challenges and Strategies." In *The Cambridge Handbook of the Learning Sciences,* edited by R. Keith Sawyer, 335–354. New York: Cambridge University Press, 2006.

European Commission. *Horizon 2020: Work Programme 2016—2017; European Commission Decision C(2017)2468.* Brussels: European Commission, April 24, 2017.

———. *Horizon 2020: Work Programme 2016—2017, Science with and for Society.* Brussels: European Commission, 2016.

Fishman, Barry J., William R. Penul, Anna-Ruth Allen, Britte Haugan Cheng, and Nora Sabelli. "Design-Based Implementation Research: An Emerging Model for Transforming the Relationship of Research and Practice." In *National Society for the Study of Education,* vol. 112, edited by Barry J. Fishman and William R. Penuel, 136–156. New York: Columbia Teachers' College, 2013.

FMEC (Finnish Ministry of Education and Culture). *Development Programme for*

Teachers' Pre- and In-Service Education. Helsinki: Finnish Ministry of Education, 2016.

———. *Kiuru: Broad-Based Project to Develop Future Primary and Secondary Education*. Helsinki: Finnish Ministry of Education, 2014.

———. *Tulevaisuuden lukio: Valtakunnalliset tavoitteet ja tuntijako* (Future upper secondary school: National aims and allocation of lesson hours). Helsinki: Finnish Ministry of Education and Culture, 2013. http://minedu.fi/OPM/Julkaisut/2013/Tulevaisuuden_lukio.html.

FNBE (Finnish National Board of Education). *National Core Curriculum for Basic Education.* Helsinki: Finnish National Board of Education, 2014.

———. *The National Core Curriculum for Upper Secondary Education.* Helsinki: Finnish National Board of Education, 2015.

Fredricks, Jennifer A., Phyllis C. Blumenfeld, and Alison Paris. "School Engagement: Potential of the Concept, State of the Evidence." *Review of Educational Research* 74, no. 1 (Spring 2004): 59–109.

Fredricks, Jennifer A., and Wendy McColskey. "The Measurement of Student Engagement:A Comparative Analysis of Various Methods and Student Self-Report Instruments." In *Handbook of Research on Student Engagement,* edited by Sandra L. Christenson, Amy L. Reschly, and Cathy Wylie, 763–782. New York: Springer Science, 2012.

Funk, Cary, and Meg Hefferon. "As the Need for Highly Trained Scientists Grows, A Look at Why People Choose These Careers." Pew Research Center, October 24, 2016. http:// www.pewresearch.org/fact-tank/2016/10/24/as-the-need-for-highly-trained-scientists-grows-a-look-at-why-people-choose-these-careers.

Funk, Cary, and Lee Rainie. "Public and Scientists' Views on Science and Society." Pew Research Center: Internet & Technology, January 29, 2015. http://www.pewinternet.org/2015.01/29/public-and-scientists-views-on-science-and-society.

Gago, José M., John Ziman, Paul Caro, Costas Constantinou, Graham Davies, Ilka Parchmann, Miia Rannikmäe, and Svein Sjøberg. *Europe Needs More*

Scientists: Report by the High Level Group on Increasing Human Resources for Science and Technology.* Brussels: European Commission, 2004. http://europa.eu.int/comm/research/conferences/2004/sciprof/pdf/final en.pdf.

Graham, Karen J., Lara M. Gengarelly, Barbara A. Hopkins, and Melissa Lombard. *Dive In! Immersion in Science Practices for High School Students.* Arlington, VA: National Science Teachers Association, 2017.

Harris, Christopher J., Joseph S. Krajcik, James W. Pellegrino, and Kevin W. McElhaney. *Constructing Assessment Tasks That Blend Disciplinary Core Ideas, Crosscutting Concepts, and Science Practices for Classroom Formative Applications.* Menlo Park, CA: SRI International, 2016.

Hedges, Larry V. "Challenges in Building Usable Knowledge in Education." *Journal of Research on Educational Effectiveness* 11, no. 1 (2018): 1–21. doi:10.1080/19345747.2017.1375583.

Hektner, Joel, Jennifer A. Schmidt, and Mihaly Csikszentmihalyi. *Experience Sampling Method: Measuring the Quality of Everyday Life.* Thousand Oaks, CA: SAGE Publications, 2011.

Hidi, Suzanne, and Ann Renniger. "The Four Phase Model of Interest Development." *Educational Psychologist* 41, no. 2 (2006): 111–127.

Hietin, Liana. "2 in 5 High Schools Don't Offer Physics, Analysis Finds." *Education Week,* August 23, 2016.

Hinojosa, Trisha, Amie Rapaport, Andrew Jaciw, Christina LiCalsi, and Jenna Zacamy. *Exploring the Foundations of the Future STEM Workforce: K-12 Indicators of Postsecondary STEM Success.* Washington, DC: U.S. Department of Education, 2016.

Horner, Robert H., and Samuel L. Odom. "Constructing Single-Case Research Designs: Logic." In *Advances,* edited by Thomas R. Kratochwill and Joel R. Levin, 27–51. Washington, DC: American Psychological Association, 2014.

Immordino-Yang, Mary Helen. *Emotions, Learning, and the Brain: Exploring the Educational Implications of Affective Neuroscience.* New York: W.W. Norton, 2015.

Inkinen, Janna, Christopher Klager, Barbara Schneider, Kalle Juuti, Joseph Krajcik, Jari Lavonen, and Katariina Salmela-Aro. "Science Classroom Activities and Student Situational Engagement." *International Journal of Science Education* 41, no. 3 (2019): 316–329.

Jacob, Brian, Susan Dynarksi, Kenneth Frank, and Barbara Schneider. "Are Expectations Alone Enough? Estimating the Effect of Mandatory College-Prep Curriculum in Michigan." *Education Evaluation and Policy Analysis* 39, no. 2 (2017): 333–360.

Jones, Stephanie M., and Emily J. Doolittle. "Social and Emotional Learning." In *The Future of Children,* vol. 27, no. 1, edited by Stephanie M. Jones and Emily J. Doolittle, 3–12. Princeton, NJ: Princeton-Brookings, 2017.

Juuti, Kalle, and Jari Lavonen. "How Teaching Practices Are Connected to Student Intention to Enroll in Upper Secondary School Physics Courses." *Research in Science & Technological Education* 34, no. 2 (2016): 204–218.

Juuti, Kalle, Jari Lavonen, and Veijo Meisalo. "Pragmatic Design-Based Research-Designing as a Shared Activity of Teachers and Researches." In *Iterative Design of Teaching-Learning Sequences: Introducing the Science of Materials in European Schools,* edited by Dimitris Psillos and Petros Kariotoglou, 35–46. Heidelberg: Springer Dordrecht, 2015.

Kanter, David E. "Doing the Project and Learning the Content: Designing Project-Based Science Curricula for Meaningful Understanding." *Science Education* 94, no. 3 (2010): 525–551.

Kastberg, David, Jessica Ying Chan, Gordon Murray, and Patrick Gonzales. *Performance of US 15-Year-Old Students in Science, Reading, and Mathematics Literacy in an International Context: First Look at PISA 2015.* Washington, DC: U.S. Department of Education, December 2016.

Kennedy, Craig H. *Single-Case Designs for Educational Research.* Boston: Allyn & Bacon, 2005.

Kilpatrick, William H. "The Project Method." *Teachers College Record* 19, no. 4 (1918): 319–335. http://www.tcrecord.org.

———. "Project Teaching." *General Science Quarterly* 1, no. 2 (1917): 67–72.

Klager, Christopher. "Project-Based Learning in Science: A Meta-Analysis of Science Achievement Effects." Working paper, Michigan State University, 2017.

Klager, Christopher, Richard Chester, and Israel Touitou. "Social and Emotional Experiences of Students Using an Online Modeling Tool." Paper presented at the annual meeting of NARST, Atlanta, GA, March 2018.

Klager, Christopher, and Janna Inkinen. "Socio-emotional Experiences of Students in Science and Other Academic Classes." Paper presented at the annual meeting of the American Education Research Association, Washington, D.C., April 2016.

Klager, Christopher, and Barbara Schneider. "Strategies for Evaluating Curricular Interventions Using the Experience Sampling Method." Poster presented at the annual meeting of the Society for Research on Educational Effectiveness, Washington, DC, February/March 2018.

———. "Enhancing Imagination and Problem-Solving Using Project-Based Learning." Working paper, Michigan State University, 2017.

Klager, Christopher, Barbara Schneider, Joseph Krajcik, Jari Lavonen, and Katariina Salmela-Aro. "Creativity in a Project-Based Physics and Chemistry Intervention." Paper presented at the annual meeting of NARST, San Antonio, TX, April 2017.

Klager, Christopher, Barbara Schneider, and Katariina Salmela-Aro. "Enhancing Imagination and Problem-Solving in Science." Paper presented at the annual meeting of the American Education Research Association, New York, April 2018.

Knoll, Michael. "'I Had Made a Mistake': William H. Kilpatrick and the Project Method." *Teachers College Record* 114, no. 2 (February 2012): 1–45.

Korhonen, Tiina, and Jari Lavonen. "Crossing School-Family Boundaries through the Use of Technology." In *Crossing Boundaries for Learning-Through Technology and Human Efforts,* edited by Hannele Niemi, Jari Multisilta, and Erika Löfström, 48–66. Helsinki: CICERO Learning, 2014.

Krajcik, Joseph. "Project-Based Science: Engaging Students in Three-Dimensional Learning." *Science Teacher* 82, no. 1 (2015): 25.

Krajcik, Joseph, and Phyllis C. Blumenfeld. "Project-Based Learning." In *The Cambridge Handbook of the Learning Sciences,* edited by R. Keith Sawyer, 317–334. New York: Cambridge University Press, 2005.

Krajcik, Joseph, Susan Codere, Chanyah Dahsah, Renee Bayer, and Kongju Mun. "Planning Instruction to Meet the Intent of the Next Generation Science Standards." *Journal of Science Teacher Education* 25, no. 2 (2014): 157–175. doi 10.1007/s10972–014–9383–2.

Krajcik, Joseph, and Charlene Czerniak. *Teaching Science in Elementary and Middle School: A Project-Based Approach,* 4th ed. London: Taylor & Francis, 2013.

Krajcik, Joseph, and Joi Merritt. "Engaging Students in Scientific Practices: What Does Constructing and Revising Models Look Like in the Science Classroom? Understanding 'A Framework for K-12 Science Education.'" *Science Teacher* 79, no. 3 (2012): 38–41.

Krajcik, Joseph, and Namsoo Shin. "Project-Based Learning." In *The Cambridge Handbook of the Learning Sciences,* 2nd ed., edited by R. Keith Sawyer, 275–297. New York: Cambridge University Press, 2015.

Kratochwill, Thomas R., ed. *Single Subject Research: Strategies for Evaluating Change.* New York: Academic Press, 1978.

Kratochwill, Thomas R., and Joel R. Levin. "Introduction: An Overview of Single-Case Intervention Research." In *Single-Case Intervention Research: Methodological and Statistical Advances,* edited by Thomas R. Kratochwill and Joel R. Levin, 3–23. Washington, DC: American Psychological Association, 2014.

Lane, Justin D., and David L. Gast. "Visual Analysis in Single Case Experimental Design Studies: Brief Review and Guidelines." *Neuropsychological Rehabilitation* 24, nos. 3–4 (2014): 445–463.

Larmer, John, John Mergendoller, and Suzie Boss. *Setting the Standard for Project Based Learning: A Proven Approach to Rigorous Classroom Instruction.*

Alexandria, VA: ASCD, 2015.

Lavonen, Jari. "Building Blocks for High-Quality Science Education: Reflections Based on Finnish Experiences." *LUMAT* 1, no. 3 (2013): 299–313.

———. "Educating Professional Teachers in Finland through the Continuous Improvement of Teacher Education Programmes." In *Contemporary Pedagogies in Teacher Education and Development,* edited by Yehudith Weinberger and Zipora Libman, 3–17. London: IntechOpen, 2018. http://dx.doi.org/10.5772/intechopen.77979.

———. "Educating Professional Teachers through the Master's Level Teacher Education Programme in Finland." *Bordón* 68, no. 2 (2016): 51–68.

———. "The Influence of an International Professional Development Project for the Design of Engaging Secondary Science Teaching in Finland." Paper presented at the 25th annual meeting of the Southern African Association of Researchers in Mathematics Science and Technology Education, Johannesburg, January 2017.

———. "National Science Education Standards and Assessment in Finland." In *Making It Comparable: Standards in Science Education,* edited by David J. Waddington, Peter Nentwig, and Sascha Schaze, 101–126. Berlin: Waxman, 2007.

Lavonen, Jari, and Kalle Juuti. "Evaluating Learning of Conceptual, Procedural, and Epistemic Knowledge in a Project-Based Learning Unit." Paper presented at the annual meeting of NARST, Atlanta, GA, March 2018.

———. "Science at Finnish Compulsory School." In *The Miracle of Education: The Principles and Practices of Teaching and Learning in Finnish Schools,* edited by Hannele Niemi, Auli Toom, and Arto Kallioniemi, 131–147. Rotterdam: Sense Publishers, 2012.

Lavonen, Jari, Kalle Juuti, Maija Aksela, and Veijo Meisalo. "A Professional Development Project for Improving the Use of ICT in Science Teaching." *Technology, Pedagogy and Education* 15, no. 2 (2006): 159–174. doi:10.1080/14759390600769144.

Lavonen, Jari, Kalle Juuti, Anna Uitto, Veijo Meisalo, and Reijo Byman. "Attractiveness of Science Education in the Finnish Comprehensive School." In *Research Findings on Young People's Perceptions of Technology and Science Education,* edited by Anneli Manninen, Kirsti Miettinen, and Kati Kiviniemi, 5–30. Helsinki: Technology Industries of Finland, 2005.

Lavonen, Jari, and Seppo Laaksonen. "Context of Teaching and Learning School Science in Finland: Reflections on PISA 2006 Results." *Journal of Research in Science Teaching* 46, no. 8 (2009): 922–944.

Lee, Okhee, and Cory A. Buxton. *Diversity and Equity in Science Education: Theory, Research, and Practice.* New York: Teachers College Press, 2010.

Linnansaari, Janna, Jaana Viljaranta, Jari Lavonen, Barbara Schneider, and Katariina Salmela-Aro. "Finnish Students' Engagement in Science Lessons." *Nordic Studies in Science Education* 11, no. 2 (2015): 192–206.

Linnenbrink-Garcia, Lisa, Erika A. Patall, and Reinhard Pekrun. "Adaptive Motivation and Emotion in Education: Research and Principles for Instructional Design." *Policy Insights from the Behavioral and Brain Sciences* 3, no. 2 (2016): 228–236.

Little, Brian R., Katariina Salmela-Aro, and Susan D. Phillips. *Personal Project Pursuit: Goals, Action and Human Flourishing.* Hillsdale, NJ: Lawrence Erlbaum, 2007.

Llewellyn, Douglas. *Teaching High School Science through Inquiry and Argumentation,* 2nd ed. Thousand Oaks, CA: Corwin, 2013.

Lucas, Bill, Guy Claxton, and Ellen Spencer. "Progression in Student Creativity in School: First Steps towards New Forms of Formative Assessments." OECD Education Working Paper no. 86, 2013. http://dx.doi.org/10.1787/5k4dp59msdwk-en.

Luft, Julie A., and Peter W. Hewson. "Research on Teacher Professional Development Programs in Science." In *Handbook of Research in Science Education,* 2nd ed., edited by Sandra K. Abell and Norman G. Lederman, 889–909. New York: Taylor Francis, 2014.

Markham, Thom, John Larmer, and Jason Rabitz. *Project-Based Learning Handbook: A Guide to Standards-Focused Project Based Learning for Middle and High School Teachers.* Novato, CA: Buck Institute for Education, 2003.

McNeill, Katherine L., Rebecca Katsh-Singer, and Pam Pelletier. "Assessing Science Practices: Moving Your Class along a Continuum." *Science Scope* 39, no. 4 (2015): 21–28.

McNeill, Katherine, and Joseph Krajcik. *Supporting Grade 5–8 Students in Constructing Explanations in Science: The Claim, Evidence, and Reasoning Framework for Talk and Writing.* New York: Allyn & Bacon, 2012.

Mergendoller, John R., Nan L. Maxwell, and Yolanda Bellisimo. "The Effectiveness of Problem-Based Instruction: A Comparative Study of Instructional Methods and Student Characteristics." *Interdisciplinary Journal of Problem-Based Learning* 1, no. 2 (2006): 49–69.

Miller, Jon. "The Conceptualization and Measurement of Civic Scientific Literacy for the Twenty-First Century." In *Science and the Educated American: A Core Component of Liberal Education,* edited by Jerrold Meinwald and John G. Hildebrand, 241–255. Cambridge, MA: American Academy of Arts and Sciences, 2010.

Moeller, Julia, Katariina Salmela-Aro, Jari Lavonen, and Barbara Schneider. "Does Anxiety in Math and Science Classrooms Impair Motivations? Gender Differences beyond the Mean Level." *International Journal of Gender, Science, and Technology* 7, no. 2 (June 2015): 229–254.

Mullis, Ina V. S., Michael O. Martin, Pierre Foy, and Martin Hooper. *TIMSS Advanced 2015 International Results in Advanced Mathematics and Physics.* Boston: Boston College, 2016.

Muthén, Linda K., and Bengt Muthén. *Mplus User's Guide.* Los Angeles: Muthén & Muthén, 2015.

National Academies of Sciences, Engineering, and Medicine. *How People Learn II: Learners, Contexts, and Cultures.* Washington, DC: National Academies Press, 2018. https://doi.org/10.17226/24783.

———. *Rising above the Gathering Storm: Energizing and Employing America for a Brighter Economic Future.* Washington, DC: National Academies Press, 2007.

NCES (National Center for Education Statistics). *Schools and Staffing Survey.* Washington, DC: National Center for Education Statistics, 2016.

NGSS (Next Generation Science Standards) Lead States. *Next Generation Science Standards: For States, By States.* Washington, DC: National Academies Press, 2013.

Niemi, Hannele. "Educating Student Teachers to Become High Quality Professionals: A Finnish Case." *CEPS Journal* 1, no. 1 (2011): 43–66.

Niemi, Hannele, Auli Toom, and Arto Kallioniemi. *The Miracle of Education: The Principles and Practices of Teaching and Learning in Finnish Schools.* Rotterdam: Sense Publishers, 2012.

No Child Left Behind Act of 2001. Pub L. No. 107–110, 20 U.S.C. § 6319 (2002).

NRC (National Research Council). *A Framework for K-12 Science Education: Practices, Crosscutting Concepts, and Core Ideas.* Washington, DC: National Academies Press, 2012.

———. *Guide to Implementing the Next Generation Science Standards.* Washington, DC: National Academies Press, 2015.

NSB (National Science Board). *Science & Engineering Indicators 2018.* January 2018. https:// www.nsf.gov/statistics/2018/nsb20181/.

NSF (National Science Foundation). *Preparing the Next Generation of STEM Innovators: Identifying and Developing Our Human Capital.* Washington, DC: National Science Foundation, 2010.

NSTA (National Science Teachers Association). *NGSS@NSTA: Stem Starts Here.* http://www.ngss.nsta.org.

OECD (Organisation for Economic Co-operation and Development). *PISA 2006,* vol 1: *Science Competencies for Tomorrow's World.* Paris: OECD Publishing, 2007. http://dx.doi.org/10.1787/9789264040014–en.

———. *PISA 2012 Results in Focus: What 15-Year-Olds Know and What They Can*

       Do with What They Know. Paris: OECD Publishing, 2014.

———. *PISA 2015 Draft Science Framework.* Paris: OECD Publishing, 2013.

———. *PISA 2015 Results,* vol. 1: *Excellence and Equity in Education.* Paris: OECD Publishing, 2016. http://dx.doi.org/10.1787/9789264266490-en.

———. *PISA 2015 Results,* vol. 3: *Students' Well-Being.* Paris: OECD Publishing, 2017.

———. *TALIS 2013 Results: An International Perspective on Teaching and Learning.* Paris: OECD Publishing, 2014.

OECD (Organisation for Economic Co-operation and Development) Global Science Forum. *Evolution of Student Interest in Science and Technology Studies.* Policy report. Paris: OECD Publishing, 2006.

Oikkonen, Juha, Jari Lavonen, Heidi Krzywacki-Vainio, Maija Aksela, Leena Krokfors, and Heimo Saarikko. "Pre-Service Teacher Education in Chemistry, Mathematics, and Physics." In *How Finns Learn Mathematics and Science,* edited by Erkki Pehkonen, Maija Ahtee, and Jari Lavonen, 49–68. Rotterdam: Sense Publishers, 2007.

Osborne, Jonathan, and Justin Dillon. *Science Education in Europe: Critical Reflections.* London: Nuffield Foundation, January 2008.

Osborne, Jonathan, Shirley Simon, and Sue Collins. "Attitudes towards Science: A Review of the Literature and Its Implications." *International Journal of Science Education* 25, no. 9 (2003): 1049–1079.

Peek-Brown, Deborah, Kellie Finnie, Joseph S. Krajcik, and Tom Bielik. "Using Artifacts Developed in Project-Based Learning Classrooms as Evidence of 3-Dimensional Learning." Paper presented at the annual meeting of NARST, Atlanta, GA, March 2018.

Perez-Felkner, Lara, Sarah-Kathryn McDonald, Barbara Schneider, and Erin Grogan. "Female and Male Adolescents' Subjective Orientations to Mathematics and Their Influence on Postsecondary Majors." *Developmental Psychologist* 48, no. 6 (2012): 1658–1673. doi:10.1037/a0027020.

Pietarinen, Janne, Kirsi Pyhältö, Tiina Soini, and Katariina Salmela-Aro. "Reducing

Teacher Burnout: A Socio-Contextual Approach." *Teaching and Teacher Education* 35 (October 2013): 62–72. doi:10.1016/j.tate.2013.05.003.

———. "Validity and Reliability of the Socio-Contextual Teacher Burnout Inventory (STBI)." *Psychology* 4, no. 1 (January 2013): 73–82. doi:10.4236/psych.2013.41010.

Polman, Joseph L. *Designing Project-Based Science, Connecting Learners through Guided Inquiry.* New York: Teachers College Press, 2000.

Provasnik, Stephen, Lydia Malley, Maria Stephens, Katherine Landeros, Robert Perkins, and Judy H. Tang. *Highlights from TIMSS and TIMSS Advanced 2015: Mathematics and Science Achievement of US Students in Grades 4 and 8 and in Advanced Courses at the End of High School in an International Context (NCES 2017–002).* Washington, DC: U.S. Department of Education, National Center for Education Statistics, 2016.

Pyhältö, Kirsi, Janne Pietarinen, and Katariina Salmela-Aro. "Teacher-Working-Environment Fit as a Framework for Burnout Experienced by Finnish Teachers." *Teaching and Teacher Education* 27, no. 7 (2011): 1101–1110. doi:10.1016/j.tate.2011.05.006.

Quin, Daniel. "Longitudinal and Contextual Associations between Teacher-Student Relationships and Student Engagement: A Systematic Review." *Review of Educational Research* 87, no. 2 (April 2017): 345–387.

Raudenbush, Stephen W., and Anthony S. Bryk. *Hierarchical Linear Models,* 2nd ed. Thousand Oaks, CA: SAGE, 2002.

Rindskopf, David M., and John M. Ferron. "Using Multilevel Models to Analyze Single-Case Design Data," in *Single-Case Intervention Research: Methodological and Statistical Advances,* edited by Thomas R. Kratochwill and Joel R. Levin, 221–246. Washington, DC: American Psychological Association, 2014.

Rocard, Michel, Peter Csermely, Doris Jorde, Dieter Lenzen, Harriet Walberg-Henriksson, and Valerie Hemmo. *Science Education Now: A Renewed Pedagogy for the Future of Europe.* Brussels: European Commission, 2006.

http://ec.europa.ed/research/science-society/documentlibrary/pdf/06/report-ocard-on-science-education.

Rushton, Gregory T., David Rosengrant, Andrew Dewar, Lisa Shah, Herman E. Ray, Keith Sheppard, and Lynn Watanabe. "Towards a High Quality High School Workforce: A Longitudinal, Demographic Analysis of US Public School Physics Teachers." *Physical Review Physics Education Research* 13, no. 020122 (October 23, 2017).

Ryan, Richard M., and Edward L. Deci. *Self-Determination Theory: Basic Psychological Needs in Motivation, Development, and Wellness.* New York: Guilford Press, 2017.

Sahlberg, Pasi. *Finnish Lessons: What Can the World Learn from Educational Change in Finland?* New York: Teachers College Press, 2011.

———. *Finnish Lessons 2.0: What Can the World Learn from Educational Change in Finland?* 2nd ed. New York: Teachers College Press, 2015.

Salmela-Aro, Katariina. "Dark and Bright Sides of Thriving-School Burnout and Engagement in the Finnish Context." *European Journal of Developmental Psychology* 14, no. 3 (2017): 337–349. doi:10.1080/17405629.2016.1207517.

Salmela-Aro, Katariina. "Personal Goals and Well-Being during Critical Life Transitions: The Four C's-Channelling, Choice, Co-Agency and Compensation." *Advances in Life Course Research* 14, nos. 1–2 (2009): 63–73. doi:10.1016/j.alcr.2009.03.003.

Salmela-Aro, Katariina, Noona Kiuru, Esko Leskinen, and Jari-Erik Nurmi. "School Burnout Inventory (SBI): Reliability and Validity." *European Journal of Psychological Assessment* 8, no. 1 (2009): 60–67.

Salmela-Aro, Katariina, Jukka Marjanen, Barbara Schneider, Jari Lavonen, and Christopher Klager. "Does It Help to Have 'Sisu'? The Role of Situational Grit and Challenge in Science Situations among Finnish and US Secondary Students." Working paper, University of Helsinki, 2018.

Salmela-Aro, Katariina, Julia Moeller, Barbara Schneider, Justina Spicer, and Jari Lavonen. "Integrating the Light and Dark Sides of Student Engagement

Using Person-Oriented and Situation-Specific Approaches." *Learning and Instruction* 43 (2016): 61–70. doi:10.1016/j.learninstruc.2016.01.001.

Salmela-Aro, Katariina, and Sanna Read. "Study Engagement and Burnout Profiles among Finnish Higher Education Students." *Burnout Research* 7 (2017): 21–28. doi:10.1016/j.burn.2017.11.001.

Salmela-Aro, Katariina, and Katja Upadyaya. "School Burnout and Engagement in the Context of Demands-Resources Model." *British Journal of Educational Psychology* 84, no. 4 (2014): 137–151.

Salmela-Aro, Katariina, Katja Upadyaya, Kai Hakkarainen, Kirsti Lonka, and Kimmo Albo. "The Dark Side of Internet Use: Two Longitudinal Studies of Excessive Internet Use, Depressive Symptoms, School Burnout and Engagement among Finnish Early and Late Adolescents." *Journal of Youth Adolescence* 46, no. 2 (May 2016): 343–357. doi:10.10007/s10964–0494–2.

Savin Baden, Maggi, and Claire Howell Major. *Foundations of Problem-Based Learning.* London: Open University Press/McGraw-Hill Education, 2009.

Schmidt, Jennifer A., Joshua M. Rosenberg, and Patrick N. Beymer. "A Person-in-Context Approach to Student Engagement in Science: Examining Learning Activities and Choice." *Journal of Research in Science Teaching* 55, no. 1 (2018): 19–43.

Schneider, Barbara, Martin Carnoy, Jeremy Kilpatrick, William H. Schmidt, and Richard J. Savelson. *Estimating Causal Effects Using Experimental and Observational Designs.* Washington, DC: American Educational Research Association, 2007.

Schneider, Barbara, I-Chien Chen, and Christopher Klager. "Gender Equity and the Allocation of Parent Resources: A Forty Year Analysis." Paper presented at an invited symposium at the University of Helsinki, May 2018.

Schneider, Barbara, Kenneth Frank, I-Chien Chen, Venessa Keesler, and Joseph Martineau. "The Impact of Being Labeled as a Persistently Lowest Achieving School: Regression Discontinuity Evidence on School Labeling." *American Journal of Education* 123, no. 4 (August 2017): 585–613.

doi:10.1086/692665.

Schneider, Barbara, Christopher Klager, I-Chien Chen, and Jason Burns. "Transitioning into Adulthood: Striking a Balance between Support and Independence." *Policy Insights from Behavioral and Brain Sciences* 3, no. 3 (January 2016): 106–113. doi:10.1177/2372732215624932.

Schneider, Barbara, Joseph Krajcik, Christopher Klager, and Israel Touitou. "Developing Three-Dimensional Assessment Tasks and Mapping Their Relation to Existing Testing Frame-works." Paper presented at the annual meeting of NARST, Atlanta, GA, March 2018.

Schneider, Barbara, Joseph Krajcik, Jari Lavonen, Katariina Salmela-Aro, Michael Broda, Justina Spicer, Justin Bruner, Julia Moeller, Janna Linnansaari, Kalle Juuti, and Jaana Viljaranta. "Investigating Optimal Learning Moments in US and Finnish Classrooms." *Journal of Research in Science Teaching* 53, no. 3 (December 2015): 400–421. doi:10.1002/tea.21306.

Schneider, Barbara, Carolina Milesi, Lara Perez-Felkner, Kevin Brown, and Iliya Gutin. "Does the Gender Gap in STEM Majors Vary by Field and Institutional Selectivity?" *Teachers College Record* 20 (2015).

Schneider, Barbara, and David Stevenson. *The Ambitious Generation: America's Teenagers, Motivated but Directionless.* New Haven: Yale University Press, 1999.

Shadish, William R., Thomas D. Cook, and Donald T. Campbell. *Experimental and Quasi-Experimental Designs for Generalized Causal Inference.* Belmont, CA: Wadsworth Cengage Learning, 2002.

Shalley, Christina, Michael Hitt, and Jing Zhou, eds. *The Oxford Handbook of Creativity, Innovation, and Entrepreneurship.* New York: Oxford University Press, 2015.

Shernoff, David J., Mihaly Csikszentmihalyi, Barbara Schneider, and Elisa Steele Shernoff. "Student Engagement in High School Classrooms from the Perspective of Flow Theory." *School Psychology Quarterly* 18, no. 2 (2003): 158–176.

Shernoff, David J., Shaunti Knauth, and Eleni Makris. "The Quality of Classroom Experiences." In *Becoming Adult: How Teenagers Prepare for the World of Work,* edited by Mihaly Csikszentmihalyi and Barbara Schneider, 141–164. New York: Basic Books, 2000.

Shumow, Lee, Jennifer Schmidt, and Hayal Kacker. "Adolescents' Experience Doing Homework: Associations among Context, Quality of Experience, and Outcomes." *School Community Journal* 18, no. 2 (2008).

Sjøberg, Svein, and Camilla Schreiner. *The ROSE Project: An Overview and Key Findings.* Oslo: University of Oslo, March 2010.

Snow, Catherine E., and Kenne A. Dibner, eds. *Science Literacy: Concepts, Contexts, and Consequences.* Washington, DC: National Academies Press, 2016.

Spicer, Justina, Barbara Schneider, Katariina Salmela-Aro, and Julia Moeller. "The Conceptualization and Measurement of Student Engagement in Science: A Cross-Cultural Examination from Finland and the United States." In *Global Perspectives on Education Research,* edited by Lori Diane Hill and Felice J. Levine, 227–249. New York: Routledge, 2018.

Symonds, Jennifer, Ingrid Schoon, and Katariina Salmela-Aro. "Developmental Trajectories of Emotional Disengagement from Schoolwork and Their Longitudinal Associations in England." *British Educational Research Journal* 42, no. 6 (September 2016): 993–1022. doi: 10.1002/berj.3243.

TeachingWorks. "Deborah Lowenberg Ball-Director." www.teachingworks.org.

Thomas, John A. *A Review of Research on Project-Based Learning.* San Rafael, CA: The Autodesk Foundation, March 2000.

Touitou, Israel, Stephen Barry, Tom Bielik, Barbara Schneider, and Joseph Krajcik. "The Activity Summary Board: Adding a Visual Reminder to Enhance a Project-Based Learning Unit." *Science Teacher* (March 2018): 30–35.

Touitou, Israel, and Joseph Krajcik. "Developing and Measuring Optimal Learning Environments through Project-Based Learning." Paper presented at the annual meeting of the American Education Research Association, New York, April 2018.

Touitou, Israel, Joseph S. Krajcik, Barbara Schneider, Christopher Klager, and Tom Bielik. "Effects of Project-Based Learning on Student Performance: A Simulation Study." Paper presented at the annual meeting of NARST, Atlanta, GA, March 2018.

Tuominen-Soni, Heta, and Katariina Salmela-Aro. "Schoolwork Engagement and Burnout among Finnish High School Students and Young Adults: Profiles, Progressions, and Educational Outcomes." *Developmental Psychology* 50, no. 3 (2014): 649–662.

Upadyaya, Katja, Katariina Salmela-Aro, Barbara Schneider, Jari Lavonen, Joseph Krajcik, and Christopher Klager. "Associations between Students' Task Values and Emotional Learning Experiences in Science Situations among Finnish and US Secondary School Students." Working paper, University of Helsinki, 2018.

Vincent-Lancrin, Stéphan. *Teaching, Assessing, and Learning Creative and Critical Thinking Skills in Education.* Paris: OECD Centre for Educational Research and Innovation, 2018. http:// www.oecd.org/education/ceri/assessingprogress ionincreativeandcriticalthinkingskills ineducation.htm.

Vitikka, Erja, Leena Krokfors, and Elisa Hurmerinta. "The Finnish National Core Curriculum." In *The Miracle of Education: The Principles and Practices of Teaching and Learning in Finnish Schools,* edited by Hannele Niemi, Auli Toom, and Arto Kallioniemi, 83–96. Rotterdam: Sense Publishers, 2012.

Watch Mr. Wizard. 2004. http://www.mrwizardstudios.com.

Yeager, David S. "Social and Emotional Learning Programs for Adolescents." In *The Future of Children,* vol. 27, no. 1, edited by Stephanie M. Jones and Emily J. Doolittle, 73–94. Princeton, NJ: Princeton-Brookings, 2017.

关于作者

芭芭拉·施奈德（Barbara Schneider）是密歇根州立大学约翰·A.汉纳特聘教授和社会学系杰出教授。她出版了多本著作，发表了许多关于家庭、学校教育和知识社会学的文章和报告。她曾任美国教育研究协会（American Educational Research Association）主席，是美国科学促进会（American Association for the Advancement of Science）、美国国家教育学院（National Academy of Education）和美国教育研究协会（American Educational Research Association）的研究员。

约瑟夫·科瑞柴科（Joseph Krajcik）是密歇根州立大学拉潘·菲利普斯数学和科学教育教授和STEM研究所所长。他在科学教育方面的成就享誉国际，曾在韩国、中国和以色列的大学担任客座教授，并因其对科学教育的贡献而获得多个奖项。他是美国科学促进会、美国国家教育学院和美国教育研究协会的研究员。

亚里·拉沃宁（Jari Lavonen）是赫尔辛基大学物理和化学教育教授，也是美国全国教师教育论坛的主任。三十多年来，他是科学和数学教育领域的领军人物，撰写和主编了大量关于科学教育教学的论文和书籍。他是南非约翰内斯堡大学的杰出客座教授，并在挪威和秘鲁进行了广泛的咨询。他是芬兰科学与人文院的成员。

卡塔里娜·萨尔梅拉－阿罗（Katariina Salmela-Aro）是赫尔辛基大学教育心理学教授。她撰写了多篇文章、报告，并参与多项基金项目，她因在学校参与度、职业倦怠和最佳学习时机方面的开创性工作而广为人知。她曾任欧洲发展心理学协会（European Association in Developmental Psychology）主席和国际行为发展研究协会（International Society for the Study of Behavioral Development）秘书长。她最近被苏黎世大学授予玛丽·居里客座教授职位，是芬兰科学与人文院的成员。

译后记

当前，各界对科学教育问题高度重视和关注，国家出台了一系列做好科学教育加法的政策，近期在全国范围内成立了一批科学教育实验区和实验校，很多高校和地方教育科学研究院也都开始设置科学教育研究中心和研究所。科技、教育和人才三位一体的战略，拔尖创新人才培养的需求，培养一大批具备科学家潜质的青少年，激发学生对科学的兴趣和探索欲望，引导学生崇尚科学和弘扬科学家精神，培育学生积极的科学态度和社会责任，是新时代高质量科学教育的追求。项目式学习是促进深度学习、知情意行统一、核心素养全面融合发展的重要方式，还具有培养学习动机、科学态度、社会责任、团队合作精神和能力等独特优势。

约瑟夫·科瑞柴科（Joseph Krajcik）教授领衔的美国密歇根州立大学的研究团队在如何基于美国《新一代科学教育标准》（Next Generation Science Standards, NGSS）设计和开发项目式学习课程和学习环境方面持续进行系统研究，研究成果丰富。我们非常有幸得到他们的授权，将他们团队的多项项目式学习研究成果翻译成中文版。2004年，我们翻译出版了《中小学科学教学：基于项目的方法与策略》，2021年，翻译出版了《中小学科学教学：项目式学习的方法与策略（第五版）》。由美国密歇根州立大学的芭芭拉·施奈德（Barbara Schneider）教授和约瑟夫·科瑞柴科教授，以及芬兰赫尔辛基大学的亚里·拉沃宁（Jari Lavonen）、卡塔里娜·萨尔梅拉-阿罗（Katariina Salmela-Aro）共同撰写的《科学项目式学习：建构学生高度参与的课堂》（*Learning Science: The Value of Crafting Engagement in Science*

Environments），是我们翻译的约瑟夫·科瑞柴科教授团队研究成果的第三本书。

本书介绍了一项名为"在科学学习环境中促进学生参与"（Crafting Engagement in Science Environments, CESE）的研究，该项研究是2015年美国国家科学基金会（National Science Foundation）和芬兰科学院（Academy of Finland）共同立项资助的，研究旨在提升学生高中物理和化学课程的学业成就及课堂参与度。这是由美国密歇根州立大学和芬兰赫尔辛基大学的心理学家、社会学家、学习科学家、科学教育家和教师组成的团队合作进行的一项实证研究，以测试PBL对学生科学学习的影响，以及学生在课堂上的学业成就、社会性和情感性体验。美国团队在密歇根高中完成了3个物理和3个化学项目式学习单元的现场测试（包括单元评估和教学材料），十几位芬兰中学教师也参加了美国团队的专业学习活动，他们修改后在自己的课堂上使用了PBL材料，并测试了其影响。该项研究历时3年时间，与24所学校的60多名教师合作，为美国和芬兰的1700多名学生提供服务。

本书在"为什么科学学习很重要"中概述了研究项目的背景、意义和方法，包括为什么要学习科学、为什么要关注科学学习、如何测评学生科学学习的参与度等。

第一部分"改变高中科学学习体验"，结合对美国和芬兰两国教师是如何在他们的高中物理课堂开展项目式教学的案例描写，引出创造能激发学生参与和灵感的科学学习方式——项目式学习；介绍了什么是项目式学习、项目式学习为什么可以激发学生的参与和灵感、项目式学习的设计原则、为什么选择在高中物理和化学课堂上开展项目式学习；介绍了该项研究所设计的项目式学习课程单元，以及教师项目式学习培训的专业社区及其作用；介绍了美国和芬兰两国的高中物理课堂中的科学项目式学习案例，展示了教师的教学方案，生动详细地描写了教学实施中学生的表现。

第二部分"测量学生在项目式学习中的参与度、社会和情感学习体验"，首先介绍了该项研究的目的是探究一个以PBL为原则的、旨在促进科学学习的系统是否能够改变高中学生的科学学习，为此，研究者一直在评估科学 PBL 如何影响学生的社会、情感和学业成就。接着介绍了最佳学习时刻的构成要件及其影响因素的相关研究，美国和芬兰学生在不同情境下对毅力和放弃的感受，学生在 PBL 中的参与度，PBL 教学中的社会性和情感性学习，PBL 教学对学生问题解决和想象力的影响等。还介绍了教师对科学项目式学习环境的反思，包括为什么要参加 PBL 项目，PBL 对教师的挑战，驱动性问题的使用，参与科学实践，合作学习经历，关于 PBL 教学挑战的思考，教师对 PBL 的个人反思等。

第三部分"激发学生高度参与科学学习的途径"，介绍了 NGSS 中的三维学习要求，进一步阐述了学生参与和项目式学习的关系，对于教师的专业学习和教师教育进行了反思和展望。

对项目式学习过程中学生的投入及参与度等非认知因素的研究具有非常积极的意义和重要的价值。一方面可以为项目式学习环境和课程资源的设计和开发提供宝贵的来自学生的多角度学习效果的循证，有利于增进对于学生进行项目式学习的规律和特点的认识；另一方面，该研究贡献了对于项目式学习背景下学生学习与发展研究的一种有效的研究方法——基于经验取样法的单案例研究。此外，该项研究的可贵之处还在于，这是美国和芬兰两国科学教师和研究者的跨国合作研究，这也展示了在不同教育系统和课程文化背景下开展相同项目式学习的可行性和普遍的意义价值。

通过阅读本书，你可以了解美国和芬兰的教师是如何在高中理科课程中设计和开展项目式教学的；了解学生在特定项目式学习过程中的投入和参与度的规律特点、影响因素及实证研究方法；了解项目式学习对学生的学习兴趣、坚毅性和想象力等方面的促进作用；了解科学教师对于开展项目式教学的认识、看法、经验和策略；了解通过创建专业共同体促进教师的专业发展的机制和模式。

参与本书编译的核心作者有王磊、赵亚楠、李芳芳、李希涓、王全、刘渝，全书由王磊和赵亚楠负责统稿。感谢约瑟夫·科瑞柴科教授和芭芭拉·施奈德教授的信任和委托！感谢本书英文版出版社（Yale University Press）的授权和支持！感谢中文版出版社（教育科学出版社）的大力支持！

因为编译者水平所限，译著难免有不当之处，敬请读者包涵！

王磊

北京师范大学化学学院教授、科学教育研究院副院长

2024年3月

出 版 人　郑豪杰
责任编辑　邵　欣
版式设计　锋尚设计　孙欢欢
责任校对　翁婷婷
责任印制　叶小峰

图书在版编目（CIP）数据

科学项目式学习：建构学生高度参与的课堂 /（美）芭芭拉·施奈德等著；王磊等译. —北京：教育科学出版社，2024.5
书名原文：Learning Science: The Value of Crafting Engagement in Science Environments
ISBN 978-7-5191-3822-6

Ⅰ. ①科… Ⅱ. ①芭… ②王… Ⅲ. ①科学知识—课堂教学 Ⅳ. ① G302

中国国家版本馆 CIP 数据核字（2024）第 034462 号

北京市版权局著作权合同登记　图字：01-2023-3811 号

科学项目式学习：建构学生高度参与的课堂
KEXUE XIANGMU SHI XUEXI: JIANGOU XUESHENG GAODU CANYU DE KETANG

出版发行	教育科学出版社		
社　　址	北京·朝阳区安慧北里安园甲 9 号	邮　　编	100101
总编室电话	010-64981290	编辑部电话	010-64989179
出版部电话	010-64989487	市场部电话	010-64989009
传　　真	010-64891796	网　　址	http://www.esph.com.cn
经　　销	各地新华书店		
制　　作	北京锋尚制版有限公司		
印　　刷	广东新京通印刷有限公司		
开　　本	720 毫米 ×1020 毫米　1/16	版　　次	2024 年 5 月第 1 版
印　　张	11.25	印　　次	2024 年 5 月第 1 次印刷
字　　数	174 千	定　　价	49.80 元

图书出现印装质量问题，本社负责调换。

LEARNING SCIENCE: The Value of Crafting Engagement in Science Environments
By Barbara Schneider, Joseph Krajcik, Jari Lavonen, Katariina Salmela-Aro

© 2021 by Barbara Schneider, Joseph Krajcik, Jari Lavonen, Katariina Salmela-Aro
Originally published by Yale University Press

Educational Science Publishing House Limited is authorized to publish and distribute exclusively the Chinese (Simplified Characters) language edition. This edition is authorized for sale throughout the Mainland of China. No part of the publication may be reproduced or distributed by any means, or stored in a database or retrieval system, without the prior written permission of the publisher.

All Rights reserved.

本书权利人授权教育科学出版社有限公司独家翻译出版。未经许可，不得以任何形式、任何电子或机械手段（包括复印、记录）或任何信息库检索系统，复制或传播作品的任何部分。

版权所有，侵权必究。